FAUSTO CARUANA – ANNA BORGHI

IL CERVELLO IN AZIONE

Introduzione alle nuove scienze della mente

IL MULINO

I lettori che desiderano informarsi sui libri e sull'insieme delle attività della Società editrice il Mulino possono consultare il sito Internet: **www.mulino.it**

ISBN 978-88-15-26363-6

INDICE

Sta scritto: «In principio era il Pensiero».
Medita bene il primo rigo,
Perché non ti corra troppo la penna.
Quel che tutto crea e opera, è il Pensiero?
Dovrebbe essere: «In principio era l'Energia».
Pure, mentre trascrivo questa parola,
qualcosa già mi dice che non qui
potrò fermarmi. Mi dà aiuto lo Spirito!
Ecco che vedo chiaro e, ormai sicuro, scrivo:
«In principio era l'Azione»!

J.W. Goethe, *Faust*

PREMESSA

L'idea di un volume dedicato alle nuove scienze della mente, comunemente accorpate sotto la dicitura inglese di *embodied cognition* (raramente tradotta in italiano), è mossa dalla volontà degli autori di colmare un vuoto nella letteratura scientifica italiana. Per una di quelle beffe del destino, infatti, l'Italia ricopre una posizione di spicco in questo settore, avendo fornito contributi fondamentali, ma la diffusione di questa prospettiva resta relativamente scarsa sul territorio nazionale. Ma si sa, nessuno è profeta in patria.

La storia è la seguente. Intorno agli anni '90 quelle che diverranno poi note come «le nuove scienze cognitive» hanno iniziato un travagliato percorso di maturità affrancandosi dalla celebre «metafora del computer» in voga all'epoca, secondo la quale la mente umana è sostanzialmente paragonabile a un software informatico, la conoscenza del cui hardware (fuor di metafora, il corpo) è sostanzialmente irrilevante. Con il crescere del dissenso verso questo approccio, oggi le nuove scienze cognitive si sono ritrovate a essere un mosaico di proposte teoriche, modelli, teorie, adottati sempre più frequentemente dai ricercatori impegnati nei più diversi settori di ricerca (psicologia sperimentale, neuroscienze, robotica, linguistica cognitiva, psicologia clinica, antropologia, filosofia della mente – per citare i più noti). Un insieme variegato di proposte teoriche accomunate dall'idea che la gran parte dei processi cognitivi superiori avvenga mediante i sistemi di controllo del corpo agente (o, detto in termini neuroscientifici, del cervello motorio), ereditandone limiti e potenzialità. La centralità del corpo e dell'azione rappresentano dunque gli elementi qualificanti di questo approccio, tanto da poter dire, come Goethe, che «In principio era l'azione». L'azione permea e dà nuova vita a ogni tema: dalla percezione dell'ambiente naturale e sociale alle emozioni e ai processi decisionali, dal linguaggio ai concetti astratti – tutto viene rivisto e riletto sotto una nuova luce.

Sebbene da un punto di vista sperimentale tale visione rappresenti senz'altro una novità, i presupposti teorici possono essere ritrovati in tradizioni psicologiche e filosofiche addirittura precedenti la nascita delle scienze cognitive. Oltre a offrire un nuovo programma di ricerca, infatti, le nuove scienze cognitive operano anche uno slittamento di orizzonti filosofici, recuperando le suggestioni tracciate tra la fine dell'Ottocento e l'inizio del Novecento dal pragmatismo e dalla fenomenologia.

Nonostante l'*embodied cognition* abbia riscosso l'attenzione di una grossa fetta di neuroscienziati, scienziati cognitivi, linguisti e di filosofi della mente, resta tuttavia difficile per i lettori italiani – studiosi, studenti, o semplici curiosi – orientarsi nell'intricata rete di studi che afferiscono a questa etichetta. Rubando una metafora a un pragmatista di casa nostra, Giovanni Papini, potremmo dire che la nuova scienza cognitiva è come il corridoio di un grande albergo, in cui sono situate tante porte che conducono in tante stanze diverse. Questo libro vuole essere una piccola, tascabile, mappa di quell'albergo.

CAPITOLO PRIMO

IN PRINCIPIO ERA L'AZIONE

> Nella misura in cui l'azione, il comportamento è reso centrale, le tradizionali barriere tra mente e corpo si rompono e si dissolvono.
>
> John Dewey

Per le scienze cognitive, il terzo millennio si apre con una radicale dichiarazione del neuroscienziato colombiano Rodolfo Llinás: lo sviluppo del sistema nervoso è necessario primariamente per orchestrare azioni e non – come si potrebbe immaginare – per attuare processi cognitivi, per «pensare». Per chi non è dotato di un sistema motorio, infatti, percepire non ha alcun senso. La conferma più eclatante stando a Llinás la dobbiamo alle ascidie. Le ascidie sono animali marini simili alle spugne, caratterizzati da un ciclo vitale molto particolare: alla nascita le larve sono dotate di un rudimentale midollo spinale, un cervello, un organo sensibile alla luce, e l'abilità di muoversi. A poche ore dalla nascita tuttavia le larve trovano un luogo adatto per l'insediamento, uno scoglio o una roccia, e da quello non si muoveranno mai più. A quel punto subiscono una metamorfosi: non appena cessano di muoversi, le ascidie iniziano a ingerire e riassorbire il proprio cervello. In assenza di movimento, infatti, la percezione diventa un inutile dispendio energetico. Se non avessimo un sistema motorio non solo non avrebbe senso percepire, ma non avrebbe senso neanche pensare. Consideriamo ad esempio la nostra capacità di prendere decisioni razionali: i sistemi decisionali sono sistemi valutativi incredibilmente complessi in cui due o più opzioni vengono stimate e confrontate al fine di individuare la soluzione più vantaggiosa, spesso in tempi rapidissimi. Esistono molti modelli matematici che tentano di simulare la nostra capacità di prendere decisioni, ma se siamo interessati a capire come *noi* prendiamo decisioni dovremo fare i conti con il fatto che decidere ha senso solo se poi si è in condizione di agire di conseguenza. La consapevolezza delle nostre capacità d'azione pone vincoli importanti al processo decisionale. In alternativa, consideriamo la nostra capacità di vivere in società. Secondo Aristotele uno dei nostri tratti distintivi è il fatto di essere animali sociali, ma non potrebbe esserci vita sociale se mancasse la possibilità di coordinarsi e interagire con altri individui. Neanche il senso morale potrebbe sopravvivere a questa analisi: se il senso morale determina regole di comportamento, allora implica a sua volta la possibilità di agire. Gli esempi potrebbero essere molteplici: il linguaggio, le emozioni, l'attenzione, finanche la coscienza. Fermatevi un attimo e provate voi stessi a immaginare altri esempi di funzioni cognitive superiori totalmente inutili in assenza di capacità d'agire. Se le cose stessero davvero così, allora la possibilità di orchestrare movimenti dovrebbe essere il metro con il quale misurare tutti gli aspetti del pensiero, anche i più controintuitivi.

Lo scopo che si prefigge questo libro è quello di cogliere lo spirito del nostro tempo, ovvero l'aria che si respira oggi nei laboratori di neuroscienze e psicologia cognitiva o negli studi di alcuni filosofi della mente. Contrariamente a quello che si potrebbe pensare, *Il cervello in azione* non parla di come sia importante mantenere sveglio il cervello standosene seduti in poltrona facendo parole crociate. Tutto il contrario. Nel corso di questo breve libro vedremo come la ricerca contemporanea identifichi nell'agire una chiave di lettura fondamentale nello studio della mente e del cervello. Al punto tale che perfino il concetto neuroscientifico di sistema motorio valicherà i confini della circoscritta porzione di neocorteccia assegnatagli dalla neurologia classica, per estendersi fino ad abbracciare buona parte del cervello. Si tratterà di compiere qualcosa di analogo a quello che avvenne con la rivoluzione copernicana, quando si scoprì che la semplice sostituzione del Sole alla Terra come centro del sistema di orbite dei pianeti poteva improvvisamente far tornare tutti i calcoli all'epoca irrisolti. Analogamente, cercheremo di capire come la semplice sostituzione dell'azione al pensiero, come centro di gravità della mente, possa farne tornare altrettanti.

1. *Le scienze cognitive classiche: la teoria rappresentazionale e computazionale della mente*

Sostituire l'azione al pensiero, tuttavia, non è un'operazione scontata. Fino a pochi anni fa infatti gli scienziati non sembravano aver contemplato l'azione come una variabile fondamentale per lo studio della mente. Ci sono due metafore che hanno fotografato alla perfezione l'idea sulla quale la scienza cognitiva classica, spesso denominata «cognitivismo», si è fondata e sviluppata: la metafora del computer, e la metafora del sandwich. Le due metafore rappresentano due facce della stessa medaglia: la prima lo fa in modo costruttivo, la seconda in modo critico. Partiamo dalla prima. Il programma cognitivista è stato sostanzialmente l'unico programma teorico adottato dagli scienziati cognitivi dagli anni '50 fino ai primi anni '90, e si basa sull'idea per cui ogni performance cognitiva può essere spiegata facendo riferimento ad algoritmi, implementati in qualche modo nella mente, e molto simili al linguaggio macchina, basato su strutture simboliche, dei computer. Detto in altri termini, i processi cognitivi sono procedure computazionali eseguite su rappresentazioni mentali simboliche, astratte. Per questo motivo, questa teoria prende il nome di «teoria rappresentazionale e computazionale della mente», e costituisce il nocciolo delle scienze cognitive classiche[1]. Il concetto secondo il quale il ragionamento è una forma di calcolo, una «computazione», è un'idea classica del pensiero occidentale che gli scienziati cognitivi hanno ereditato dalla filosofia moderna. Nel XVII secolo il filosofo Thomas Hobbes sosteneva che il ragionamento fosse riconducibile al calcolo aritmetico, basandosi sull'addizione e la sottrazione di concetti. Analogamente, Leibniz sosteneva che tutto il pensare fosse un processo simbolico riducibile a una combinazione di segni. Ma il riferimento alla computazione per gli scienziati cognitivi è quello dei modelli computazionali simbolici introdotti, all'inizio del XX secolo, con il concetto di macchina di Turing e poi sfociato, nella metà del XX secolo, nell'intelligenza artificiale classica. Oltre a «computazione», l'altra parola chiave delle scienze cognitive è «rappresentazione mentale». Questo concetto ricopre uno spazio fondamentale della storia del pensiero occidentale e non è dunque un caso se ancora oggi una grossa fetta del dibattito teorico in scienze cognitive e in filosofia graviti intorno a esso. Le rappresentazioni mentali, così come sono concepite dagli scienziati cognitivi, sono parenti strette delle rappresentazioni introdotte in filosofia da Cartesio, il padre della filosofia moderna. Cartesio per primo ha definito l'idea secondo la quale ogni pensiero ha come suoi oggetti immagini mentali, o raffigurazioni mentali, proiettate in uno spazio interno chiamato mente. Ci si riferisce a questa idea con il nome di «realismo indiretto», appunto per sottolineare il fatto che la percezione dell'ambiente esterno è mediata da queste entità poste tra mente e mondo. Nella seconda metà del XVII secolo gli empiristi inglesi, guidati da Locke, hanno criticato molteplici aspetti della filosofia di Cartesio ma non hanno sostanzialmente toccato il concetto di rappresentazione, che è giunto alle scienze cognitive immutato quantomeno nei suoi aspetti essenziali. Non a caso, un anticartesiano doc come il filosofo americano Charles Sanders Peirce, padre del pragmatismo, alla fine del XIX secolo sosteneva che «la maggior parte dei filosofi è stata di fatto cartesiana», e probabilmente oggi direbbe lo stesso degli scienziati cognitivi classici. L'idea di elaborazione o processamento delle informazioni adottata dagli scienziati cognitivi classici è infatti quella per cui la percezione richiede la costruzione di sofisticate rappresentazioni interne del mondo esterno. Queste rappresentazioni vengono utilizzate dai sistemi cognitivi come input per una serie di processi mentali, inclusi i processi decisionali, l'immagazzinamento in memoria delle informazioni acquisite, i ragionamenti deduttivi.

Esistono diversi modi di intendere l'idea che la mente sia un processore che computa rappresentazioni mentali. Alcuni filosofi e scienziati hanno adottato un approccio strumentalista, sostenendo che le rappresentazioni mentali non sono entità realmente esistenti nel mondo fisico, ma che sia tuttavia vantaggioso postularne l'esistenza. Seguendo una terminologia introdotta in filosofia della scienza all'inizio del XX secolo, e più recentemente ripresa dal filosofo Daniel Dennett, potremmo dire che questi scienziati ritengono che le rappresentazioni mentali siano *abstracta*, ovvero costrutti logici come gli stati politici, la linea dell'equatore, o la crisi finanziaria. In questo senso, dire che gli approcci computazionali possono aiutarci a studiare la mente, e dire che la mente è un sistema computazional-rappresentazionale, sono due cose ben diverse – così come lo sono il dire che gli approcci computazionali possono aiutarci a studiare il movimento degli uragani (cosa plausibile), e dire che gli uragani sono sistemi computazional-rappresentazionali (un nonsenso). Tuttavia, la maggior parte degli scienziati cognitivi classici – nonché, come vedremo, una parte cospicua dei sostenitori della nuova scienza cognitiva – ritiene che le rappresentazioni mentali siano invece entità scientifiche vere e proprie, configurazioni neuronali costituite nel sistema nervoso o qualunque altro tipo di entità appartenenti al bagaglio ontologico di una mente. Per questi scienziati, le rappresentazioni mentali sono *illata*, ovvero oggetti scientifici che, benché inosservabili, esistono realmente nel tempo e nello spazio. Qualcosa di simile alle onde radio, agli atomi, o ai gas invisibili. Fare ricerca sulla mente significa fare scoperte sulla natura delle rappresentazioni mentali e su come la loro interazione generi processi cognitivi come la percezione o il pensiero.

Ogni rappresentazione è caratterizzata, oltre che dal *contenuto* che determina ciò a cui si riferisce, anche dal *formato* in cui è espressa. Per quanto riguarda il formato delle rappresentazioni mentali, un'idea diffusa fino a pochissimi anni fa è che queste rappresentazioni mentali assomiglino un po' a parole di un linguaggio mentale ovvero, come abbiamo detto, alle strutture simboliche dei computer digitali. Come le strutture simboliche dei computer digitali, ad esempio, non hanno alcuna relazione con le modalità sensoriali mediante le quali acquisiamo informazioni nel mondo. Piuttosto, le rappresentazioni mentali sono concepite come il prodotto di una traduzione da un linguaggio sensoriale, ovvero quello dei nostri organi di senso impiegati nell'esperienza con il mondo, a un linguaggio indipendente dalle modalità sensoriali, e per questo il loro formato viene detto *a-modale*. Stando a questa ipotesi quando osserviamo una scena, ad esempio una cincia che canta sull'albero davanti alla nostra finestra, il sistema visivo traduce la scena visiva in un'informazione semantica, astratta. Quello che viene registrato, dunque, è il fatto di aver visto una cincia cantare, ma non la traccia visiva, o uditiva, dell'evento. Una volta avvenuta la traduzione, l'informazione sensoriale originaria diviene quindi inutile, e ogni ulteriore processo cognitivo relativo a quell'oggetto – ad esempio, il ricordo dell'evento, il racconto dell'evento a un amico, o qualunque deduzione si possa compiere a partire da questo fatto – avverrà impiegando enunciati mentali le cui parole sono fatte di rappresentazioni amodali. Il formato con cui è conservato il significato del concetto di «cincia» nel nostro cervello, dunque, non ha più nulla a che fare né con l'immagine visiva della cincia, né con quella uditiva del suo canto. La visione della mente sostenuta dai cognitivisti è stata paragonata a un «sandwich mentale» da Susan Hurley, secondo la quale le scienze cognitive classiche hanno comunemente considerato la mente, appunto, come un sandwich con due estremità poco proteiche, il sensoriale e il motorio, e con al centro la carne, ovvero i processi cognitivi. Poiché ogni informazione elaborata a livello sensoriale, o motorio, viene immediatamente tradotta in un linguaggio amodale e inviata ai sistemi cognitivi, la strategia comunemente adottata dagli scienziati cognitivi nei confronti del «sandwich mentale» è stata quella di gettare il pane e mangiare la carne, ovvero studiare i processi cognitivi e tralasciare il corpo. Tuttavia, questo potrebbe essere un grave errore. Oggi probabilmente pochi neuroscienziati, e un numero sempre più ridotto di filosofi e psicologi sperimentali, sono disposti a scommettere su tale sandwich mentale sebbene molti scienziati della mente intendano salvare, magari revisionandoli un po', i concetti di computazione e di rappresentazione. Ma resta un crescente imbarazzo verso l'idea che lo studio dei processi cognitivi possa essere intrapreso dimenticando il corpo, ovvero il dominio sensorimotorio, nonché l'ambiente naturale e sociale all'interno del quale tali processi cognitivi avvengono. Proprio nel recuperare il ruolo giocato dal sensorimotorio e dall'ambiente nei processi cognitivi, le scienze cognitive sono diventate *grounded*, *situated*, *enacted* o, per utilizzare il termine senz'altro più celebre, *embodied* – ovvero incorporate, incarnate.

Un tratto caratteristico delle nuove scienze cognitive sta nel rifiuto dei dualismi che hanno caratterizzato le scienze cognitive classiche. Il dualismo mente-mondo viene rifiutato due volte. Una volta, nell'evidenziare come sia impossibile studiare i processi cognitivi trascendendo dall'ambiente (naturale, sociale, culturale) all'interno del quale si attuano. E un'altra volta, rifiutando l'idea per cui la mente è, per usare l'immagine proposta dal filosofo statunitense Richard Rorty, «lo specchio della natura», cioè uno spazio privato in cui il «mondo là fuori» viene rispecchiato e rappresentato. Ma vengono rifiutati anche il dualismo ragione-emozione, quello tra sé e altri individui, o tra percezione e azione nonché, naturalmente, il dualismo mente-corpo, già attaccato di fatto nella dicitura *embodied cognition*, ovvero nell'idea che la mente non sia un'entità autonoma e solo accidentalmente implementata nel corpo, ma che sia piuttosto una cosa sola con il corpo. Più di un secolo fa il filosofo pragmatista John Dewey sostenne che impostare il problema mente-corpo in termini di una contrapposizione tra due realtà è una strategia disastrosa perché gli effetti di questa disconnessione si riflettono su un'ampia varietà di altri domini inclusi, tra gli altri, la religione, la morale, lo studio del linguaggio, e il divorzio tra filosofia e scienza. Risanare questa frattura contribuirebbe dunque a una revisione molto profonda della storia del pensiero. Lo stesso Dewey, in straordinario anticipo sui tempi, scrisse che per dissolvere le tradizionali barriere tra mente e corpo la migliore strategia sarebbe quella di concentrare la riflessione sull'azione e sul comportamento. Nelle pagine che seguiranno vedremo in dettaglio come il pensiero o, in termini più tecnici, i nostri processi cognitivi, siano primariamente legati alla capacità di interagire con il mondo, e come ogni individuo sia essenzialmente immerso nel mondo con il quale costantemente si interfaccia, e non invece un esterno osservatore. Ogni spiegazione dei nostri processi cognitivi, dunque, dovrà valicare i confini del cervello per tenere conto anche del corpo e dell'ambiente, incluso quello sociale, che ci circonda. Quella che seguirà sarà un'introduzione all'*embodied cognition*, la nuova scienza della mente.

2. *La svolta pragmatica e il rifiuto della «metafora del sandwich mentale»*

Nonostante il fiorire di molteplici versioni e interpretazioni dell'*embodied cognition*, è possibile individuare due capisaldi che sembrano essere condivisi da tutti i nuovi scienziati della mente: il rifiuto della metafora del sandwich mentale, e il rifiuto della metafora del computer. Il rifiuto della metafora del sandwich mentale consiste nel respingere una visione teorica fondata sull'assunto che vi sia una netta cesura tra percezione e azione, da un lato, e processi cognitivi, dall'altro. Molti scienziati della mente contemporanei hanno abbandonato questa visione della mente in seguito alla scoperta che i processi cognitivi superiori, ovvero il modo in cui pensiamo, prendiamo decisioni, o semplicemente viviamo in società, sono fortemente dipendenti e strutturati dai processi percettivi e motori, nonché dal modo in cui un agente si interfaccia con l'ambiente circostante. Non solo i processi cognitivi sono spesso implementati nel sistema sensorimotorio, ma intervenire su quest'ultimo spesso ha ricadute sulle performance cognitive. In altri termini, tra i processi percettivi, cognitivi e motori non vi è un rapporto gerarchico o di sequenzialità temporale (prima percepiamo un evento, poi pensiamo come agire, e alla fine lo facciamo), ma piuttosto una circolarità tale per cui l'azione influenza sia la percezione che il pensiero astratto. Il concetto di circolarità tra percezione, cognizione e azione, come risposta all'idea di una sequenzialità temporale tra questi tre eventi, corrisponde al rifiuto di quello che, alla fine del XIX secolo, John Dewey ha chiamato «il concetto di arco riflesso in psicologia»: ovvero la naturale tendenza a considerare questi tre processi come tre eventi che si susseguono temporalmente senza possibilità di retroazione. Immaginate un bambino che vede la luce abbagliante di una candela (percezione), decide di afferrarla (cognizione) e si avvicina fino a toccarne il fuoco (azione); a questa segue una sensazione di dolore (percezione), alla quale sussegue la retrazione della mano (una nuova azione). Secondo Dewey questa descrizione non è adeguata da un punto di vista psicologico poiché dimentica che l'intero processo non nasce da uno stimolo sensoriale ma

> da una coordinazione sensorimotoria di natura ottico-oculare, e che in un certo senso è il movimento ad essere primario, e la sensazione ad essere secondaria; il movimento dei muscoli del corpo, della testa e dell'occhio determinano la qualità di ciò che è poi esperito. In altri termini, tutto inizia con l'atto di vedere, il guardare, e non con la sensazione luminosa. [...] Sia la sensazione che il movimento stanno dentro, e non fuori, all'atto stesso. Se poi quest'atto stimola un altro atto, cioè il tentativo di raggiungere la fiamma, è perché entrambi gli atti stanno all'interno di una coordinazione più grande, poiché vedere ed afferrare sono stati legati così spesso insieme da rinforzarsi reciprocamente[2].

Questa eredità filosofica rivive oggi nel concetto di «enattivismo», introdotto da Varela, Rosch e Thompson[3] all'inizio degli anni '90 per evidenziare il carattere emergente dei processi cognitivi a partire dalle dinamiche sensorimotorie tra un agente e l'ambiente naturale. L'immagine del «sandwich mentale» del cognitivismo è fuorviante non solo perché distingue il dominio cognitivo da quello sensorimotorio, ma anche perché considera il dominio sensoriale e quello motorio come due poli opposti, ignorando la compenetrazione e l'interazione dinamica tra percezione e azione. In altri termini, la percezione è un tipo particolare di attività esplorativa e non qualcosa che precede l'azione. Sottovalutare il ruolo delle contingenze sensorimotorie nell'atto percettivo è frutto di due distinti errori. Il primo è quello di considerare la percezione visiva adottando quella che è stata definita una *snapshot conception*, la «concezione dell'istantanea fotografica», ovvero l'idea per cui l'occhio è paragonabile a una macchina fotografica che scatta una fotografia statica del mondo osservato. In realtà, un occhio privato di movimento ritrasmette stimolazioni sensoriali non integrabili con pattern di movimenti e pensieri, quindi non utilizzabili come conoscenza sensorimotoria, e non interpretabili dal cervello. Avviene cioè quella che il filosofo Alva Nöe ha chiamato «cecità esperienziale»[4]. Il secondo errore è l'assunzione che la *snapshot conception*, formulata nell'ambito della percezione visiva, sia un modello estendibile alle altre modalità sensoriali. Viceversa – recuperando un esempio caro alla fenomenologia husserliana – il modello paradigmatico di percezione non dovrebbe essere la visione ma piuttosto la palpazione, il tatto: è impossibile riconoscere un oggetto in tasca al tatto senza attività motoria, senza muovere le dita. Conseguentemente la percezione è un'attività esplorativa mediata dalla conoscenza delle contingenze sensorimotorie, dal know-how e dal possesso di determinate abilità maturate con l'esperienza. Il modello del sandwich mentale è scardinato sotto ogni aspetto.

3. *Il concetto di simulazione e il rifiuto della «metafora del computer»*

L'altro caposaldo dell'*embodied cognition* riguarda il rifiuto della metafora del computer, cioè l'idea che la mente sia un processore il cui funzionamento consiste nella manipolazione di informazioni amodali. Un principio che spesso è stato utilizzato come contraltare a quello di «computazione su rappresentazione amodale» è stato quello di *simulazione*, intesa come la riattivazione di pattern sensorimotori, estrapolati dalla loro funzione motoria e sfruttati in processi cognitivi differenti da quelli per cui quei pattern si sono evoluti o durante i quali si sono costituiti. Il concetto di simulazione è stato originariamente introdotto nel campo dei processi cognitivi sociali con l'intento di offrire un'alternativa alla spiegazione dominante di come comprendiamo il comportamento altrui, che all'epoca era sostanzialmente visto come un processo di tipo deduttivo-inferenziale. L'idea alla base del concetto di simulazione, in questo caso, è che un tal compito può essere alternativamente spiegato in termini di una simulazione che, sostanzialmente, ci consente di metterci «nei panni dell'altro». Approfondiremo ampiamente questa applicazione del concetto di simulazione più avanti, trattando il tema dell'intersoggettività. A partire da questo campo limitato di applicazione, tuttavia, il concetto di simulazione si è poi sviluppato mostrando la sua efficacia in una vasta gamma di settori delle scienze della mente, come ad esempio quelli relativi alla percezione degli oggetti, all'immaginazione, alla memoria o alla comprensione del linguaggio. Questa nozione ha poi nel tempo maturato una serie di connotazioni leggermente differenti, poiché alcuni autori hanno inteso la simulazione come un processo volontario mentre altri ne hanno evidenziato il carattere automatico, derivandone una conoscenza del mondo primariamente spontanea, preriflessiva e sensorimotoria, in netta contrapposizione con la posizione intellettualista che ha caratterizzato le scienze cognitive classiche. Quest'ultima posizione, che avremo modo di conoscere approfonditamente, prende il nome di *embodied simulation*. Seguendo le suggestioni della fenomenologia dell'Husserl delle *Meditazioni cartesiane*, alcuni tra i nuovi scienziati della mente hanno inoltre sottolineato l'errore implicito nel considerare il corpo come un mero oggetto fisico, un *Körper*, recuperando invece la sua dimensione di *Leib*, cioè di corpo vissuto e tutt'uno con la psiche – disinnescando così ogni tentativo di separare la mente dal corpo. L'idea che osservazioni fenomenologiche come questa ricoprano un ruolo necessario e imprescindibile nell'analisi preliminare di uno studio neuroscientifico è un lascito che, più o meno consapevolmente, i nuovi scienziati cognitivi hanno ereditato da un approccio fenomenologico che da Brentano giunge, tramite quella che è stata denominata la linea Hering-Stumpf, alla fenomenologia sperimentale della scuola gestaltista berlinese, senz'altro una delle parenti più prossime dell'*embodied cognition*[5].

Anche l'ambiente, un elemento che in un certo senso è totalmente estraneo ai computer, smette di essere concepito come un elemento neutro, una risorsa di stimoli sensoriali freddamente rispecchiati nelle nostre rappresentazioni mentali, ma diventa piuttosto già carico di valori, di significati, e di rimandi all'azione e all'interazione. La riflessione sul ruolo dell'ambiente nei processi cognitivi ha rinnovato il concetto di processo cognitivo in modo indipendente e parallelo a quella sul ruolo del corpo, ed è incentrata sull'assunto che i processi cognitivi sono soggetti a vincoli propri del mondo fisico che includono i vincoli posti dal proprio corpo, pur non esaurendosi in essi. Dire che i processi cognitivi sono *grounded*, cioè radicati nell'ambiente, significa non solo che gli stati corporei sono necessari per la cognizione, ma che i processi cognitivi sono retti da specifici processi di simulazione durante i quali gli stati percettivi e motori acquisiti con l'esperienza vengono riattivati al servizio della cognizione, indipendentemente dal fatto che questi stati percettivi e motori siano quelli di un corpo biologico o di una implementazione artificiale. Questo sganciarsi dal vincolo corporeo, inteso nell'accezione husserliana citata sopra, ha portato alcuni ricercatori a sostenere che la cognizione possa funzionare indipendentemente dallo specifico tipo di corpo che ha codificato l'esperienza sensorimotoria, ricongiungendo potenzialmente la nuova scienza cognitiva ad alcuni tipi di intelligenza artificiale, e contemporaneamente allontanandola dall'ombrello teorico della fenomenologia. Non a caso coesistono tra gli scienziati dell'*embodied cognition* due differenti posizioni circa la possibilità che le macchine riescano a eguagliare, in termini di esperienza soggettiva e coscienza, la mente umana: da un lato quelli che, influenzati dalla fenomenologia, mostrano un forte scetticismo verso questa impresa, e dall'altro quelli che sostengono posizioni opposte considerando l'esperienza soggettiva come il prodotto dell'interazione sensorimotoria con l'ambiente, anche quando l'interazione è compiuta da una macchina artificiale sufficientemente sofisticata, e non da un agente biologico.

Potremmo dire che un elemento comune a tutte le differenti voci della nuova scienza cognitiva è il fatto di aver reso la scienza cognitiva umanistica, riuscendo a recepire e a dare dignità scientifica a un immenso patrimonio di riflessioni sull'essere al mondo, un mondo sociale, che invece non trovava posto nella scienza cognitiva classica. Come si sarà intuito già a questo punto, non è raro trovare oggi tra i riferimenti dei lavori scientifici gli autori classici del pragmatismo, della fenomenologia o dell'esistenzialismo, per non parlare poi di romanzieri, storici dell'arte, artisti, e così via. Ma anche la tradizione darwinista, che raramente ha trovato il posto che merita all'interno delle prima ondata di scienze della mente (quando non è stata addirittura esplicitamente fronteggiata), torna a essere oggi una bussola sulla quale viene fatto sempre più affidamento. Come abbiamo premesso, l'idea che l'ambiente non venga semplicemente rispecchiato e ricostruito nella mente ha portato i nuovi scienziati cognitivi a una certa insoddisfazione nei confronti del concetto di rappresentazione mentale, un problema che è stato affrontato a diversi livelli. All'*astrattezza* e all'*incorporeità* del concetto classico di rappresentazione mentale si è risposto con la riformulazione di questo concetto in termini motori e corporei: se di rappresentazione si vuole parlare, questa deve allora essere espressa non in un formato amodale bensì in un formato motorio e corporeo. Vedremo nel prossimo paragrafo cosa questo comporti. Per quanto riguarda invece la *staticità* del concetto classico di rappresentazione mentale, idealmente incisa nella mente-computer quale una sorta di istruzione rigida e modulare, si è risposto evidenziando il carattere dinamico, relazionale ed emergente dei processi cognitivi. Approfondiremo anche questo aspetto fra poco.

4. *Rappresentazioni in formato corporeo*

Sarebbe errato pensare che la nuova scienza cognitiva si sia limitata a criticare le fondamenta della scienza cognitiva classica, senza offrire alternative. Come abbiamo detto, all'incorporeità che caratterizza il concetto di rappresentazione mentale classico si è risposto riformulando questo concetto in termini motori e corporei, in linea con l'evidenza scientifica per cui molti dei compiti cognitivi complessi originariamente attribuiti alla manipolazione di rappresentazioni mentali sono in realtà svolti con il contributo del sistema sensorimotorio. Una formulazione frequentemente utilizzata riguarda il concetto di «rappresentazione in formato corporeo» o, per dirla all'inglese, di *bodily-format representation*. Stando al filosofo Alvin Goldman, che ha proposto per primo questo termine, un processo cognitivo può essere detto *embodied* se impiega rappresentazioni in formato corporeo nell'esecuzione di un compito cognitivo. La classe delle rappresentazioni in formato corporeo include rappresentazioni motorie, sensoriali o affettive, normalmente coinvolte in compiti motori, in esperienze sensoriali o affettive, ma che nel corso dell'evoluzione sono andate incontro a un processo di *preadattamento*, o exattamento. Il preadattamento è il processo per cui una struttura (in questo caso una routine sensorimotoria) evoluta per una certa funzione ne assume una nuova, senza per questo perdere la sua funzione originale. La struttura può continuare ad acquisire un ruolo chiave in nuove funzioni senza andare incontro a modifiche sostanziali: semplicemente, quella stessa struttura viene impiegata per supportare anche le nuove funzioni. Non solo molti processi cognitivi di ordine superiore (dall'intersoggettività al linguaggio, dai processi decisionali ai giudizi morali) risentono della struttura dei meccanismi sensorimotori, ma sono addirittura realizzati dalle stesse rappresentazioni in formato corporeo. Da un punto di vista computazionale l'idea di fondo è che certi programmi motori possano essere temporaneamente disancorati dal tradizionale output motorio grazie a sofisticati meccanismi inibitori, e sfruttati da sistemi cognitivi di ordine superiore. Non a caso a questo proposito si è parlato di *neural exploitation* (alla lettera «sfruttamento neurale», dal neuroscienziato Vittorio Gallese), *neural reuse* (ovvero «riutilizzo neurale», dallo psicologo Michael Anderson), o di *neuronal recycling* («riciclaggio neurale», dal neuroscienziato Stanislas Dehaene). Un esempio può aiutare a chiarire quest'idea: alcune regioni del sistema motorio di ordine superiore hanno il compito di assemblare comportamenti motori semplici al fine di coordinare sequenze di atti motori complessi. Quando dobbiamo effettivamente eseguire la sequenza motoria in questione, il frutto di questa elaborazione viene inviato all'area motoria primaria, che lo trasforma in movimento tramite le connessioni discendenti con il midollo spinale. Tuttavia, la prima fase di questo processo, eseguita dalle aree motorie di ordine superiore, può essere disancorata dall'output motorio mediante l'inibizione delle connessioni con l'area motoria primaria, e sfruttata per compiti cognitivi. Fatti di questo tipo includono, ad esempio, il riordinare in sequenza corretta una serie di fotografie che rappresentano le fasi di un'azione complessa, o sequenziare il linguaggio, o il ritmo musicale, senza ricorrere a forme di pensiero proposizionale ma impiegando piuttosto una sorta di automatica e inconscia simulazione, che per questo è stata chiamata *embodied simulation*.

Se le rappresentazioni mentali classiche dei cognitivisti hanno un determinato *formato* (come abbiamo visto, un formato amodale e proposizionale) e *contenuto* (che viene definito sulla base di ciò che rappresentano), cosa sappiamo invece delle rappresentazioni in formato corporeo? Già il loro nome sta a sottolineare il fatto che queste rappresentazioni non differiscono dalle rappresentazioni mentali classiche per quello che riguarda il *contenuto*, ma piuttosto per il *formato* nel quale questo contenuto è espresso: così come una mappa o una descrizione linguistica possono rappresentare lo stesso percorso, ma impiegando formati differenti, alla stessa maniera le rappresentazioni mentali possono avere uno stesso contenuto (la descrizione di un'emozione, ad esempio), ma in formato corporeo, anziché proposizionale e amodale come sostenuto dalla scienza cognitiva classica. Il contenuto di una rappresentazione in formato corporeo, invece, è spesso definito come *contenuto non concettuale*. Questa espressione tecnica, originariamente introdotta in filosofia da Gareth Evans negli anni '80, si riferisce al fatto che un soggetto può trovarsi in un determinato stato mentale senza che egli stesso possieda concetti che un teorico impiegherebbe per spiegare quello stato. Un caso classico di rappresentazione non concettuale è quello di alcuni stati percettivi: i concetti linguistici non riescono a catturare l'intero spettro dell'esperienza percettiva, ed è quindi sensato pensare che esistano stati percettivi non descrivibili da nessun enunciato linguistico. Per riprendere un celebre esempio dello stesso Evans, infatti, riusciamo a discriminare percettivamente una gran varietà di sfumature di colore, ad esempio di verde, benché non possediamo altrettanti concetti di verde. Il numero delle esperienze possibili, dunque, sovrasta quello dei concetti che possono definirle. Anche le rappresentazioni motorie hanno contenuto non concettuale, ovvero un contenuto che riflette la conoscenza implicita dei vincoli biomeccanici e cinematici, gli scopi e le regole dinamiche che governano il sistema motorio. Infatti tutte queste informazioni noi le mettiamo in pratica durante ogni nostro movimento, ma non sempre possiamo esprimerle a parole.

5. *«Pánta rêi»: il cervello come sistema dinamico*

Considerare la mente, o il cervello, alla stregua di un manipolatore di simboli ci espone automaticamente al rischio di sottovalutarne il carattere intrinsecamente relazionale, dinamico, corporeo e situato nell'ambiente. Mentre la scienza cognitiva classica considera il compito della mente quello di formulare modelli del mondo quanto più universali e invarianti al contesto, viceversa l'ambiente col quale ogni individuo continuamente si interfaccia è una realtà in continuo mutamento e occorre accostarsi a esso tramite strategie che costantemente adattano i processi interni a questi cambiamenti esterni. A questo punto tutti gli elementi di staticità presenti nella scienza cognitiva classica, rappresentazioni *in primis*, sono da abbandonare. Usando un'immagine poetica, il neuroscienziato Scott Kelso ha sostenuto che così come mulinelli, vortici e strutture turbolente non possono esistere se non nel flusso stesso del fiume, alla stessa maniera gli oggetti mentali non possono essere estrapolati dal processo dinamico dell'attività cerebrale. L'errore degli scienziati cognitivi classici è stato quello di concepire invece le rappresentazioni mentali come entità statiche, fuori dal tempo, e indipendenti dalla loro origine biologica. Se i sistemi cognitivi sono sistemi dinamici, votati all'azione e all'interazione con l'ambiente allora la migliore spiegazione è quella offerta dalla *teoria dei sistemi dinamici*, una teoria matematica programmaticamente non rappresentazionalista che considera la cognizione come un processo non simbolico, emergente, situato, storico e incarnato. La teoria dei sistemi dinamici recupera il lascito di una tradizione filosofica «non-parmenidea» che ha sottolineato il carattere cangiante della mente e che, partendo da Eraclito, ha attraversato il pensiero occidentale come un fiume carsico che riaffiora in tradizioni diverse quali la filosofia di Spinoza, di Nietzsche, la fenomenologia o il pragmatismo americano, tutti non a caso indicati oggi come predecessori espliciti di *embodiment* e dinamismo. In un certo senso potremmo definire la teoria dei sistemi dinamici come la versione matematica di queste filosofie, realizzando quello che era il sogno di Hume di fornire alla psicologia ciò che Newton aveva fornito alla meccanica: una sua spiegazione mediante leggi matematiche. Tecnicamente un sistema dinamico è un sistema costituito da una serie di variabili quantitative che cambiano continuamente nel tempo, in maniera interdipendente, seguendo una serie di leggi dinamiche che possono essere descritte da determinate equazioni. In questi modelli il collegamento tra individuo e ambiente viene sottratto al concetto di rappresentazione e affidato ad altri concetti, quali ad esempio quello di «oscillatore» – forte del fatto che gli stessi elementi del sistema nervoso centrale, i neuroni e le aree cerebrali, sono tutti oscillatori. Naturalmente, una cruciale conseguenza di questa teoria è che la distinzione stessa tra soggetto e ambiente viene meno, diventa di nessun valore, ingiustificabile: l'unica entità è il sistema dinamico. In un esempio ormai divenuto classico, Tim van Gelder ha attaccato il concetto di rappresentazione mostrando come le operazioni del regolatore centrifugo del motore a vapore ideato da James Watt alla fine del XVIII secolo possano essere spiegate sia postulando rappresentazioni interne al regolatore centrifugo, sia matematicamente mediante le equazioni della teoria dei sistemi dinamici. Il filosofo Anthony Chemero[6] ha sostenuto che sebbene in linea di principio entrambe le spiegazioni siano legittime, il fatto che la maggior parte delle persone senta la spiegazione rappresentazionalista ridondante è un indizio del fatto che non solo non vi sono ragioni per credere che le rappresentazioni mentali esistano realmente, ma che non sia neppure vantaggioso postularne l'esistenza: gli stessi fenomeni possono essere spiegati facendo ricorso a modelli matematici più parsimoniosi e che meglio colgono il carattere dinamico e relazionale di un sistema complesso. E se questo è vero per il regolatore centrifugo, allora la cosa potrebbe valere per qualunque sistema le cui operazioni possono essere spiegate in termini rappresentazionali. Come ad esempio il cervello. L'attività cerebrale è in effetti un'attività essenzialmente ritmica, costantemente dinamica: l'attività delle popolazioni neuronali si sincronizza, a seconda del loro stato di attività o riposo, su determinate bande di frequenza che coesistono e operano in parallelo. Oggi una grossa parte delle neuroscienze cognitive è estremamente interessata allo studio di queste oscillazioni cerebrali ma – ci si potrebbe chiedere – perché? Si potrebbe infatti sostenere che, così come le vibrazioni di un ponte al vento non contribuiscono alla funzione progettata, anche le oscillazioni cerebrali rappresentano un prodotto di scarto, o il rumore di fondo, sul quale si staglia l'attività neuronale. Al contrario, le varie oscillazioni rappresentano una parte fondamentale dell'architettura funzionale di un cervello. È dall'interazione dinamica, dalle sincronizzazioni di fase tra diverse bande di frequenza, o da fenomeni di azzeramento della fase (*phase-resetting*) in determinate bande di frequenza a seguito di determinati stimoli, che sembrano emergere complessi processi cognitivi quali attenzione, preparazione, facilitazione, processamento sequenziale di stimoli simultanei (ovvero come il cervello processa stimoli simultanei trasformandoli in stimoli cronologicamente sequenziali, in ordine di salienza, spiegando perché se vedo contemporaneamente un cavallo e una zebra noto prima la zebra), o controllo top-down di tipo non gerarchico (ovvero come tipici processi top-down, come quelli attentivi, possano essere spiegati in termini di fenomeni locali autorganizzati, senza ricorrere a una struttura gerarchica di aree superiori e inferiori, come previsto dalla scienza cognitiva classica). Inoltre, lo studio delle varie frequenze oscillatorie ha mostrato come il nostro comportamento motorio sia condizionato da questi stati transienti e come uno stesso stimolo (uno stimolo visivo che ci induce a compiere un movimento) sia processato in modo differente a seconda della fase oscillatoria in cui cade la sua presentazione. Ad esempio, a seconda della fase del ritmo alpha in cui cade un «segnale di via» (un semaforo che da rosso diventa verde) variano l'inizio del movimento e i tempi di reazione, mostrando che il comportamento motorio si colloca sempre all'interno di una situazione di equilibrio transiente che riflette molteplici aspetti della situazione immediatamente precedente. La stessa cosa vale addirittura per la salienza degli stimoli sensoriali: stimolando elettricamente la punta di un dito con una quantità di corrente minima tale da essere riconosciuta almeno la metà delle volte, si è scoperto che i soggetti riescono a rendersi conto di essere stati stimolati solo se la stimolazione cade immediatamente dopo spontanei aumenti di potere in banda beta e theta nelle cortecce somatosensoriale, parietale e frontale, e solo se la stimolazione coincide con una precisa fase dell'oscillazione[7]. Per usare le parole del neuroscienziato ungherese György Buzsáki, il «fato» percettivo di un input sensoriale è scritto nello stato transiente di un network corticale di larga scala. Più in generale, tutte le nostre operazioni psicologiche e motorie variano sistematicamente e periodicamente durante la veglia, tant'è che la stessa performance – che si tratti di un gesto atletico di alto livello o del banale sollevamento di un dito – varia nel corso della giornata. La lezione che le scienze cognitive devono imparare dallo studio contemporaneo dei ritmi cerebrali è che lo stimolo esterno non può essere considerato l'unica condizione iniziale per evocare una risposta; piuttosto vi è sempre una dipendenza e un rimando alla storia dello stato cerebrale, tanto da poter sostenere che «il segnale registrato può contenere più informazioni sul cervello dell'osservatore che non sul segnale stesso. [...] Più precisamente, ciò che rende il cervello un sistema dinamico è che il suo stato corrente è in parte dipendente da un suo stato precedente»[8]. Ma non si deve pensare che l'approccio dinamico sia applicabile solo al caso delle oscillazioni cerebrali: lo stesso identico approccio è stato applicato con successo per spiegare tanto l'attività neuronale, quanto il comportamento durante compiti di coordinazione bimanuale, fino alla sincronizzazione tra cervelli di individui intenti in compiti di interazione sociale. Un nuovo strumento per psicologi e neuroscienziati. Naturalmente, l'adozione di una posizione di questo tipo può portare a derive piuttosto interessanti circa il ruolo che l'individuo ricopre, o non ricopre, nella visione del mondo offerta dalle scienze cognitive. Data l'interdipendenza della mente individuale dal contesto sociale, ambientale, corporeo e temporale, diventa infatti difficile stabilire un confine netto tra agente e ambiente, e isolare queste due parti dell'interazione, essendo l'oggetto di studio non più l'individuo agente ma l'intero sistema dinamico. Un esempio paradigmatico, in questo senso, è offerto dal neuroscienziato Andreas Engel, il quale propone di sostituire il concetto di rappresentazione con il concetto di «direttiva», che definisce come un'entità non localizzata nella mente ma in interazione dinamica con l'ambiente. I processi mentali diventano allora «pattern di interazioni dinamiche che si estendono lungo l'intero sistema cognitivo. Quindi il termine "direttiva" non è solo un altro nome per le "action-oriented representation". Il secondo denota stati "nella testa", mentre il primo si riferisce alle dinamiche di una "mente estesa"»[9]. Insomma, se sul finire degli anni '70 i cognitivisti Newell e Simon potevano permettersi di sostenere che uno dei punti forti dell'ipotesi computazionale consisteva nel fatto di non avere forti teorie concorrenti, di sicuro oggi questo non può essere detto: se volgiamo lo sguardo agli indici delle maggiori riviste di neuroscienze l'attenzione si è marcatamente spostata dallo studio della mera reattività di un'area o di un neurone a uno stimolo sensoriale (che ben si prestava a interpretazioni rappresentazionaliste), agli studi sulla natura oscillatoria e dinamica di processi cognitivi implementati da agenti situati nello spazio, un corpo in un contesto ambientale, e nel tempo.

NOTE AL CAPITOLO PRIMO

[1] Un'ottima introduzione alle scienze cognitive classiche si trova in M. Marraffa, *Filosofia della psicologia*, Roma-Bari, Laterza, 2003.

[2] J. Dewey, *The reflex arc concept in psychology*, in «Psychological Review», 3, 1896, p. 358-359.

[3] F.J. Varela, E. Rosch e E. Thompson, *The Embodied Mind*, Cambridge, Mass., MIT Press, 1993; trad. it. *La via di mezzo della conoscenza. Le scienze cognitive alla prova dell'esperienza*, Milano, Feltrinelli, 1992.

[4] A. Nöe, *Action in Perception*, Cambridge, Mass., MIT Press, 2004.

[5] Per una panoramica sulla fenomenologia sperimentale e sulla sua attualità vedi F. Toccafondi (a cura di), *Fenomenologia e scienza. Punti d'incontro passati e presenti*, Firenze, Le Lettere, 2012.

[6] A. Chemero, *Radical Embodied Cognitive Science*, Cambridge, Mass., MIT Press, 2009.

[7] Per una panoramica su questi studi vedi G. Buzsáki, *Rhythms of the Brain*, Oxford, Oxford University Press, 2006.

[8] *Ibidem*, p. 276.

[9] A. Engel, *Directive minds: How dynamics shapes cognition*, in J. Stewart, O. Gapenne e E.A. Di Paolo (a cura di), *Enaction*, Cambridge, Mass., MIT Press, 2010, p. 229.

CAPITOLO SECONDO

LA PERCEZIONE COME AZIONE

> Il significato o il valore di una cosa sta in quello che invita a fare.
>
> James J. Gibson

1. *Le vie della visione*

A prima vista si potrebbe pensare che la visione, così come le altre modalità percettive, sia uno strumento finalizzato alla conoscenza del mondo esterno. Tramite la visione, ad esempio, possiamo collezionare una serie di informazioni sull'ambiente circostante al fine di aumentare le nostre conoscenze, riconoscere un volto, guardare un quadro o goderci un film. Se ci limitassimo a considerare la percezione come una modalità di raccolta e immagazzinamento dati, tuttavia, non coglieremmo un aspetto importante della nostra vita percettiva, e cioè la nostra capacità automatica di raccogliere solo determinate informazioni ambientali, e di percepirle direttamente in quanto possibilità di azione. Immaginiamo ad esempio di trovarci a caccia in un bosco molto fitto. Nel bosco *tutta la percezione è per l'azione*. Gli occhi sono puntati a terra, e con lo sguardo scandagliamo il terreno per procedere nel cammino: la ricerca visiva del tragitto e il nostro passo sono un tutt'uno. Cercare un sentiero percorribile *per noi*, per la nostra altezza, la nostra stanchezza, il nostro abbigliamento, è qualcosa che non ponderiamo mai coscientemente, ma che sembra emergere spontaneamente nel corso del cammino. Ora un ramo basso si offre come appiglio. Scorgendo un varco tra i rovi e un altro tra i ginepri, il nostro corpo si muove verso il secondo senza mai scegliere, decidere o rallentare il passo.

Tutta l'azione è per percepire, ad esempio spostando una fronda per liberare lo sguardo, per cercare i cani. Il fucile è ora un'estensione del braccio, che usiamo per scostare i rovi spinosi, ora una stampella per risalire la riva. Il silenzio improvviso dei campanelli, o l'immagine dei cani immobili in ferma col corpo schiacciato al suolo e la coda dritta, benché originino l'uno dall'udito e l'altro dalla vista, *significano* la stessa cosa: aumenta l'attenzione, la concentrazione, la preparazione all'azione. Ogni atto percettivo implica un'azione, la quale a sua volta modifica la situazione e dà ancora il via alla percezione. Ogni elemento percepito, il ramo, il varco, il suono, si offre come una possibilità d'azione, un invito a fare qualcosa. Naturalmente, il nostro cervello, così come quello delle scimmie e degli altri animali, si è evoluto in uno scenario di questo genere, architettato per servire scopi come questo. La lettura di un libro, l'osservazione di un film, il numero di telefono da ricordare, o la partita a scacchi, sono cose avvenute molto dopo.

L'idea che la conoscenza non possa essere ristretta alla modalità intellettualistica descritta all'inizio del capitolo non è sfuggita ai filosofi. In *Essere e tempo*, Heidegger ci dice che il mondo circostante non è primariamente l'oggetto di una nostra indagine scientifica. Il mondo non è costituito da oggetti conosciuti mediante un'analisi teorico-percettiva, ma piuttosto da oggetti che sono prima di tutto «mezzi», ovvero strumenti che vengono utilizzati nella nostra pratica quotidiana. Questi mezzi si rivelano a noi quindi proprio nella loro utilizzabilità, nel loro essere a portata di mano. L'osservazione di un martello, ad esempio, non suscita in noi una fredda contemplazione del martello, ma rimanda immediatamente all'azione e alla dinamica del martellare:

> L'utilizzabile non è affatto conosciuto teoricamente [...]. La peculiarità di ciò che è innanzitutto utilizzabile sta nel ritirarsi in un certo modo nella propria utilizzabilità [...]. L'opera raccoglie la molteplicità dei rimandi entro cui si incontra il mezzo. L'opera da fare in quanto a-che del martello, della pialla, dell'ago, ha a sua volta il carattere del mezzo. La scarpa è costruita per portarla, l'orologio è fabbricato per leggervi l'ora. [...] La fore-

sta è legname, la montagna è cava di pietra, la corrente è forza d'acqua, il vento è vento «in poppa»[1].

Analogamente, in *Esperienza e natura* John Dewey sostiene, contro una visione «intellettualista» per cui ogni esperienza è una forma di conoscenza, che ciò che noi esperiamo in modo primario non sono entità teoriche bensì esperienze pratiche: «Le cose infatti sono oggetti che devono essere trattati, usati, manipolati e adoperati, goduti e sopportati, ancor più che cose che devono esser conosciute. Sono cose possedute prima di essere conosciute»[2]. Questa interpretazione pratica della percezione, secondo la quale il mondo circostante viene percepito primariamente in termini di «possibilità di azione» e «utilizzabilità», entra in psicologia negli anni '60 tramite il lavoro dello psicologo della percezione James Gibson. Gibson ritiene che il flusso di informazioni visive contenga molte più informazioni di quanto non si pensi, e l'osservatore deve dunque attivamente estrarre solo l'informazione di cui ha bisogno. Conseguentemente, secondo Gibson, la percezione ha tre tratti fondamentali.

1. La percezione è sempre una percezione diretta, ovvero non è frutto di un'attività inferenziale su rappresentazioni sensoriali. Quando un animale percepisce qualcosa, è in contatto non mediato con quella cosa.
2. La percezione è azione: la percezione visiva non è la registrazione passiva degli stimoli esterni, ma un'attività di ricerca e manipolazione dell'input realizzata, tra le altre cose, dai movimenti oculari, dai movimenti della testa, e dai movimenti corporei.
3. La percezione è percezione di *affordance*, ovvero percezione di ciò che gli oggetti e il mondo circostante ci *offrono* e ci *invitano* a fare. Conseguentemente, i movimenti del percipiente sono diretti alle *affordance* dell'oggetto, cioè alle possibili interazioni che l'oggetto «offre» all'agente.

Le *affordance*, un concetto coniato proprio dallo stesso Gibson, sono così non proprietà indipendenti dell'oggetto, quanto più relazioni dinamiche che si instaurano tra un agente e un oggetto percepito. Ad esempio, percepire la scalabilità di una cima montuosa non significa percepire una proprietà del monte, poiché la scalabilità di quella cima dipende tanto dalle caratteristiche del monte quanto dalle capacità del percipiente (in un determinato momento della sua vita). La scalabilità, come tutte le *affordance*, non è una proprietà fisica che può essere misurata con scale e standard impiegati in fisica, ma solo commisurata alle abilità del percipiente.

Le intuizioni di Gibson sono state a lungo trascurate in psicologia e in neuroscienze fino a poco tempo fa. Tuttavia, la distinzione tra una conoscenza semantica, o teorica, e una conoscenza pratica del tipo visto poco sopra – nonché il concetto stesso di *affordance* – sono stati ripresi dai neuroscienziati in tempi recenti, dando luogo a una rivoluzionaria interpretazione del cervello visivo. A partire da studi su pazienti, e sulla scorta delle osservazioni fatte dai fisiologi Mishkin e Ungerleider all'inizio degli anni '80, nei primi anni '90 i neuropsicologi Milner e Goodale osservarono che la lesione del lobo parietale e quella del lobo temporale conducevano a due tipi di deficit percettivi molto differenti. I pazienti con lesione delle regioni inferotemporali manifestavano diversi tipi di agnosia, ovvero l'incapacità di riconoscere la forma o l'identità di oggetti osservati, quindi le caratteristiche percettive e semantiche dell'oggetto. Tuttavia, questi pazienti conservavano discrete capacità manipolatorie e una buona capacità di utilizzo di quegli stessi oggetti che non erano in grado di riconoscere. Viceversa, alcuni pazienti con lesione delle regioni parietali mostravano deficit severi nella coordinazione visuomotoria e nella capacità di utilizzare quegli oggetti, pur restando in grado di caratterizzarli concettualmente. In altri termini, questi pazienti avevano perso la capacità di utilizzare la visione per eseguire azioni sugli oggetti. A partire da questi studi, si è venuta a consolidare tra i neuroscienziati l'idea che l'informazione visiva venga processata lungo due differenti vie della visione. Una via ventrale, che dalla corteccia visiva raggiunge le aree inferotemporali, e il cui ruolo è quello di processare gli aspetti semantici e di riconoscimento. Una via dorsale, che dalla corteccia visiva raggiunge il lobo parietale, e il cui ruolo è quello di processare gli aspetti pragmatici legati alla trasformazione visuomotoria e alla guida visiva dell'azione.

Una successiva puntualizzazione è che ciò che viene chiamato via dorsale è in realtà il frutto di almeno due differenti vie, la via dorso-dorsale e quella ventro-dorsale, dotate di caratteristiche e funzioni motorie differenti. La prima, che decorre nel lobulo parietale superiore, sembra essere prevalentemente implicata nella trasformazione visuomotoria finalizzata al raggiungimento e alla prensione di oggetti. Corrisponde in larga parte al concetto di via dorsale descritta originariamente da Milner e Goodale. La via ventro-dorsale, che decorre nel lobulo parietale inferiore, sembra essere legata all'immagazzinamento dei programmi motori, tant'è che la sua lesione conduce all'aprassia, ovvero all'incapacità di eseguire la pantomima di azioni, di utilizzare strumenti, di risolvere problemi motori complessi. Tra il lobulo parietale superiore e quello inferiore sta un profondo solco, il solco intraparietale, il cui studio approfondito ha portato a una serie di interessanti scoperte che sembrano avvalorare le intuizioni dei filosofi e degli psicologi che abbiamo citato in apertura.

2. *I neuroni canonici*

Il solco intraparietale è un profondo solco cerebrale che divide il lobulo parietale inferiore dal lobulo parietale superiore, e che ospita al suo interno un mosaico di aree visive e visuomotorie, adibite al controllo dei movimenti di mano, di braccio, o dei movimenti oculari. La parte più anteriore del solco ospita la cosiddetta regione AIP, *Anterior Intraparietal Area*, dotata di proprietà funzionali piuttosto curiose. L'area AIP, infatti, contiene tre tipologie di neuroni. La prima categoria di neuroni è costituita da neuroni visivi, che si attivano ogni qual volta osserviamo un oggetto afferrabile, e che sembrano essere selettivi non alla sua identità – cioè, ad esempio, se si tratta di un anello trilogy, di un dado per bulloni o di un martello – quanto piuttosto a sue caratteristiche quali dimensione, forma, peso, ovvero a quelle caratteristiche visive che sono cruciali se dobbiamo interagire con esso per afferrarlo. Da questo punto di vista, sia l'anello trilogy che il dado per bulloni, ma non il martello, sono piccoli oggetti rotondi afferrabili con una presa di precisione di pollice e indice. Ogni neurone è selettivo solo a determinate caratteristiche (ad esempio, solo all'osservazione di forme sferiche di piccole dimensioni). La seconda categoria di neuroni è quella dei neuroni visuomotori: questi neuroni hanno caratteristiche visive identiche a quelle citate sopra, ma sono dotati anche di proprietà motorie speciali. In particolare ogni neurone selettivo, poniamo, all'osservazione passiva di forme sferiche di piccole dimensioni, come quello citato poco sopra, si attiva anche durante l'esecuzione di azioni di prensione di sfere di piccole dimensioni (anello o bullone) ma non durante altre azioni di prensione (martello). In altri termini, ogni neurone visuomotorio mostra una concordanza tra la selettività visiva agli oggetti e la selettività motoria in atto durante l'azione di afferramento di quegli stessi oggetti. La terza classe di neuroni, infine, è dotata solo delle funzioni motorie sopra descritte. Ne consegue che, durante la mera osservazione degli oggetti afferrabili che ci circondano, l'area AIP programma automaticamente un'azione di prensione, ovvero di interazione con quell'oggetto, indipendentemente dal fatto che il soggetto voglia, o possa, effettivamente afferrarlo o meno. Ancora più interessante è il fatto che un comportamento analogo è stato dimostrato in una sottopopolazione di cellule dell'area premotoria ventrale, i «neuroni canonici» dell'area F5, anatomicamente connessa con AIP. Il nostro sistema motorio si attiva quindi ogni qual volta osserviamo un oggetto afferrabile e, cosa più curiosa, prepara esattamente l'azione di afferramento adeguata per prendere quel determinato oggetto, sulla base delle sue caratteristiche tridimensionali, della sua forma e della sua dimensione. La programmazione di un'interazione sensorimotoria con l'oggetto sarebbe quindi parte del processo percettivo stesso, in linea con l'idea gibsoniana di *affordance*, nonché con le osservazioni fatte in precedenza da Dewey o da Heidegger.

Ricapitolando, durante l'osservazione di un oggetto, quindi, l'informazione viene smistata dalla corteccia visiva su due differenti canali cerebrali. Da un lato, l'informazione viene inviata al lobo temporale, la cosiddetta via ventrale, dove l'oggetto viene riconosciuto e memorizzato («un anello trilogy!»). Da un altro lato, l'informazione viene parallelamente inviata al lobo parietale, la *dorsal stream*, dove viene automaticamente programmata un'interazione con l'oggetto («afferrarlo!»).

3. *L'ipotesi della competizione tra «affordance»*

Oltre all'automatismo dimostrato dai neuroni di AIP e di F5, che sembrano programmare la presa ottimale ogni qual volta osserviamo un oggetto, esistono altri tipi di automatismi nella programmazione, all'interno dei circuiti parietali e delle aree motorie frontali ad essi connesse. Un esempio particolarmente illuminante riguarda uno studio del neuroscienziato Paul Cisek. Immaginate di venir istruiti a muovere un cursore su uno schermo tramite un joystick. In una prima fase dell'esperimento vi vengono date due possibili posizioni finali del cursore – diciamo ad esempio una in basso a destra contrassegnata da un colore blu e una in alto a sinistra contrassegnata da un colore rosso. In una seconda fase dell'esperimento, dopo un periodo di attesa in cui non sapete ancora in quale delle due direzioni dovrete muovere il cursore, un comando vi indicherà quale delle due posizioni finali dovete raggiungere – ad esempio quella in alto a sinistra contrassegnata dal colore rosso. A questo punto, dopo il via, muovete il cursore in direzione alto sinistra. In questo semplice test, si possono distinguere tre diversi momenti. In un primo momento sapete solo che dovrete scegliere tra due posizioni finali; in un secondo momento vi viene indicata la posizione selezionata dallo sperimentatore mentre nel terzo momento siete invitati ad agire. Test come questo hanno mostrato come, contrariamente all'intuizione comune, i circuiti parietali e delle aree motorie frontali non si attivano esclusivamente durante la terza e ultima fase, cioè quando agiamo, ma in tutte e tre le fasi. Più in particolare, anche nel periodo di incertezza della prima fase il nostro sistema motorio programma, in parallelo, tutte e due le azioni – benché consapevole che soltanto una di esse dovrà essere effettivamente eseguita, mentre l'altra verrà soppressa. Il sistema motorio, in altri termini, preferisce giocare d'anticipo e programmare due azioni in tempo utile, piuttosto che programmare solo quella necessaria, all'ultimo momento: come nel caso del test sopra descritto, le due azioni sono in competizione diretta, poiché ovviamente l'esecuzione di una delle due impedisce l'esecuzione della seconda (infatti, non posso muovere il cursore in entrambe le direzioni). Esistono diverse varianti di questo esperimento, in cui effetti simili sono stati dimostrati con azioni in cui viene prima specificata la direzione da raggiungere, e solo in un secondo momento quale effettore usare: se raggiungere il target finale mediante un movimento del braccio o mediante un movimento oculare. Anche in questo caso, entrambe le azioni vengono programmate immediatamente, e successivamente una delle due viene soppressa una volta stabilito cosa fare.

Un effetto simile è stato descritto in una serie di test basati sul cosiddetto Eriksen flanker test, un test in cui vengono presentati al centro di uno schermo una freccia direzionata verso sinistra o destra, affiancata da due distrattori: frecce indicanti la stessa direzione (congruente); frecce indicanti direzione differente (incongruente); quadretti (neutro). È noto da tempo che se si chiede a un soggetto di rispondere il più velocemente possibile su una tastiera indicando la direzione della freccia centrale, trascurando i distrattori, i tempi di risposta risultano più lunghi durante la condizione incongruente: non possiamo fare a meno di processare tutta l'informazione, distrattori compresi, e la condizione incongruente porta a un conflitto tra le due direzioni (quella della freccia centrale e quella, opposta, dei distrattori). Ma chi, e quando, decide quale azione eseguire e quale sopprimere? Secondo un approccio classico, il sistema motorio dovrebbe entrare in gioco solo nell'ultima fase del test, quella esecutiva, dopo che aree cognitive superiori selezionano l'azione da eseguire. Ma le cose non stanno così. In un recente studio di registrazione intracranica condotto da Caruana e colleghi, è stato dimostrato che durante l'Eriksen flanker test le aree premotorie si attivano in tre determinati momenti: una prima attivazione, estremamente precoce (100 ms) e aspecifica, indica un risveglio immediato del sistema motorio, compatibile con una pianificazione di tutte le risposte possibili. Una seconda attivazione, tardiva e fortemente potenziata nella condizione incongruente, mostra un coinvolgimento del sistema motorio nella fase di selezione. Una terza attivazione, intorno ai 500 ms, ovvero durante l'esecuzione della risposta manuale, testimonia il coinvolgimento di quello stesso sito cerebrale alla componente motoria produttiva. Il sistema motorio sembra pianificare automaticamente tutte le risposte, per poi selezionare successivamente il vincitore, e sopprimere la risposta sbagliata.

Il neuroscienziato Paul Cisek interpreta questa modalità di funzionamento del sistema motorio facendo diretto riferimento alla teoria delle *affordance*. Chiama infatti il suo modello *affordance competition hypothesis*, ovvero «ipotesi della competizione tra *affordance*». L'idea alla base del modello è che il mondo percettivo si offre a un animale ponendo sempre molteplici possibilità d'azione (molteplici *affordance*), e due quesiti pragmatici: *selezionare* l'azione più vantaggiosa e *specificare* i dettagli che rendono quest'azione realizzabile. Secondo l'approccio tradizionale adottato dagli scienziati cognitivi, il cervello seleziona prima l'azione da eseguire, e successivamente la pianifica specificando i dettagli motori. Viceversa, secondo Cisek dati scientifici come quelli citati sopra sembrano suggerire una logica opposta: in prima battuta il cervello processa i dati sensoriali per specificare diverse azioni potenziali, in parallelo, all'interno della via dorsale. Questi piani d'azione competeranno reciprocamente per la loro realizzabilità, cercando di inibirsi mutualmente, e saranno soggetti inoltre a una serie di influenze che, tramite la via ventrale, raggiungeranno la corteccia prefrontale influenzando la scelta finale. Conseguentemente, questo approccio rilegge la distinzione tra via dorsale e via ventrale mediante uno schema interpretativo ultra-pragmatico, in cui non solo la via dorsale ma tutto il sistema è finalizzato all'agire. Entrambe le vie, infatti, sono ora funzionali all'azione: la via dorsale perché *specifica* e programma le diverse azioni, e la via ventrale perché *seleziona* l'azione da eseguire fra quelle già programmate. La filosofia di sfondo dell'ipotesi della competizione tra *affordance* è naturalmente quella della psicologia ecologica di Gibson, quella della fenomenologia, nonché quella della teoria enattiva formulata dai nuovi scienziati cognitivi, ma riformulata nel linguaggio delle neuroscienze cognitive e motorie.

4. *Gibson e oltre: le «microaffordance»*

L'influenza della prospettiva di Gibson è stata profonda nella letteratura di psicologia e neuroscienze che si ispira a un approccio *embodied*, e negli ultimi quindici anni questo si è tradotto in un grande proliferare di studi. Il successo della nozione di *affordance* nell'ambito delle teorie *embodied* è abbastanza ovvio: come descritto nel primo capitolo, l'approccio *embodied* mira a superare l'idea tradizionale della cognizione come sandwich, in cui la percezione e l'azione sono processi periferici e poco appetitosi e la parte centrale, la cognizione, è l'unica parte appetitosa e gustosa. La nozione di *affordance* proposta da Gibson scardina completamente questa idea, assumendo non solo che percezione e azione siano strettamente interrelate, ma che sia l'azione a influenzare la percezione, cioè che percepiamo diversamente a seconda dell'azione che intendiamo compiere. L'influenza di questa nozione di Gibson sul nuovo approccio *embodied* è dunque abbastanza prevedibile e scontata.

Al contempo, tuttavia, in buona parte dei lavori sulle *affordance* degli oggetti si sono prese le distanze dall'impostazione radicalmente «esternalista» di Gibson. La famosa frase «Non ti chiedere cosa c'è dentro la testa dell'osservatore, chiediti piuttosto dove si trova la testa dell'osservatore» esemplifica abbastanza bene quanto Gibson creda che le risposte vadano cercate al di fuori del cervello, nella relazione tra corpi e oggetti nell'ambiente. Sebbene questa posizione esternalista sia oggi molto caldeggiata da diversi ambienti della filosofia della mente *embodied*, come mostrano i lavori di Chemero e di Hutto e Myin, tuttavia sia i neuroscienziati che la gran parte degli psicologi che negli ultimi anni si sono dedicati allo studio delle *affordance* non hanno per questo rinunciato a studiare l'organizzazione funzionale del cervello. Anzi, come risulta evidente dai paragrafi precedenti, hanno per lo più eletto le *affordance* a punto di vista privilegiato per studiare come il cervello elabora la percezione, l'azione e l'interazione fra i due.

Secondo due psicologi inglesi che hanno dato un contributo importante allo sviluppo degli studi sulle *affordance*, Rob Ellis e Mike Tucker, le *affordance* sono rappresentazioni neurali, formatesi nel cervello in seguito alla ripetuta co-occorrenza di pattern visivi e di azione. In pratica, l'associazione ripetuta tra il vedere una tazza e l'afferrarne il manico per berne il contenuto ha fatto sì che si formasse l'*affordance* del manico della tazza. Si tratterebbe però, secondo gli autori, non di un'*affordance* generale, ma di una *microaffordance*, specifica e tagliata per un particolare oggetto e atto motorio: ad esempio, osservare una tazza ne attiva la *microaffordance* di raggiungimento del manico, di afferramento del manico, e in misura minore le *microaffordance* di raggiungimento e di afferramento del bordo. Alcuni esperimenti famosi di Tucker ed Ellis e di altri psicologi hanno dimostrato tra la fine degli anni '90 e i primi anni 2000 che queste *microaffordance* si attivano automaticamente, ovvero si attivano indipendentemente dal compito che si sta svolgendo, e dal contesto. In un esperimento ingegnoso i partecipanti osservavano immagini di oggetti quotidiani, come tazze o pentole. Gli oggetti venivano presentati da diverse prospettive: diritti o rovesciati, con il manico a destra o a sinistra. Il compito consisteva nel decidere se l'oggetto fosse diritto o rovesciato premendo due diversi tasti sulla tastiera. Questo esperimento ha mostrato che siamo più veloci e accurati a rispondere quando vi è una compatibilità tra la posizione del manico e quella del tasto da premere: ad esempio, se il manico dell'oggetto è rivolto a destra, risponderemo prima che l'oggetto è diritto premendo un tasto con il dito indice destro, anche se la collocazione del manico non è rilevante per il compito in corso. Questo dimostra che osservare una tazza o una padella attiva automaticamente la *microaffordance* di raggiungimento del manico, anche se il compito non richiede di concentrarsi specificamente sulla collocazione del manico. La precocità di questi effetti è stata dimostrata dagli psicologi Jeremy Goslin, Rob Ellis e colleghi con i potenziali evocati motori, che rivelano che la mano dalla parte del manico (*affordance*) dell'oggetto si prepara a muoversi immediatamente, tra 100 e 200 ms dopo la presentazione dell'oggetto. In compiti del genere si attivano anche le componenti elettroencefalografiche P1 e N1, che rivelano una precoce attivazione dell'attenzione rivolta agli oggetti, ancora una volta intorno ai 100 ms. La precocità di questi effetti dipende da quello che gli autori chiamano efficacemente «*embodiment* profondo», l'instaurarsi assai rapido di un nesso tra visione e comportamento motorio. In un altro classico esperimento, Tucker ed Ellis mostravano ai partecipanti una lista di oggetti quotidiani. Alcuni di essi erano afferrabili con una presa di precisione (per esempio cucchiaino, ciliegia), mentre altri erano afferrabili con una presa di forza (per esempio bottiglia, mela). Tuttavia, gli psicologi non chiedevano di soffermarsi su questo aspetto. Anzi, quello che chiedevano ai partecipanti era di decidere, per ogni oggetto mostrato, se si trattasse di un artefatto, o di un oggetto naturale. Per rispondere, i partecipanti dovevano premere due diverse parti di una specie di joystick, schiacciando un pulsantino (mimando così una presa di precisione) oppure il corpo dell'oggetto (mimando così una presa di forza). I risultati confermarono l'ipotesi che osservare gli oggetti ne attiva la *microaffordance* di afferramento: la grandezza degli oggetti, anche se irrilevante per il compito, influenza tempi di risposta ed errori, così che le risposte con la presa di precisione sono avvantaggiate quando vengono presentati oggetti piccoli (cucchiaino, ciliegia) e quelle con la presa di forza lo sono quando vengono presentati oggetti grandi (pila, mela), indipendentemente dalla categoria di appartenenza. Effetti di compatibilità come questi sono chiarissimi e riprodotti in più esperimenti, e anche replicati con un modello computazionale da Daniele Caligiore, Anna Borghi, Domenico Parisi e Gianluca Baldassarre.

Un'ipotesi che sorge spontanea è che questi effetti dipendano da computazioni che avvengono on-line, elaborate lungo la via dorsale. Se gli effetti di compatibilità dipendessero esclusivamente dalla via dorsale, questo si dovrebbe risolvere, sul piano comportamentale, in un'attivazione veloce e transitoria. Compiti di «go-nogo» in cui vengono presentati oggetti con il manico rivolto a destra o a sinistra dimostrano in effetti che più a lungo l'oggetto viene presentato, più l'effetto delle *affordance* è marcato. Indagando gli stessi effetti di compatibilità con studi fMRI, Grezes e colleghi hanno dimostrato che c'è una correlazione tra tali effetti e l'attivazione della rete fronto-parietale sinistra che include la corteccia dorsale premotoria: il tutto è compatibile con l'attivazione della via dorsale, ma non la implica necessariamente. Quando però gli autori ripropongono il compito di categorizzazione presentando gli oggetti per un tempo brevissimo e poi mascherandoli, in modo che non siano presenti durante la selezione della risposta, l'effetto di compatibilità è ancora presente. E tale effetto permane e non varia anche quando in una parte dell'esperimento vengono presentate immagini di oggetti, e nell'altra parte parole (per esempio moneta, limone ecc.). Questo fa dunque ritenere che, almeno per quanto riguarda le *affordance* di afferramento, esse possano dipendere da associazioni visuomotorie a lungo termine, che si mantengono anche se l'oggetto non è fisicamente presente nel momento in cui si decide quale azione compiere.

Oltre agli studi sulle *affordance* che derivano da proprietà come la grandezza e l'orientamento, alcuni studi recenti hanno studiato proprietà meno ovvie, non direttamente inferibili quando si osserva un oggetto, come la consistenza (il fatto che un oggetto sia morbido o duro) o il peso. Ad esempio, uno studio interessante di Marshall e colleghi mostra che i bambini di 14 mesi presentano una differente desincronizzazione del ritmo mu, il ritmo caratteristico delle aree sensorimotorie, che rivela l'attivazione delle aree motorie nel cervello, quando osservano azioni compiute con oggetti leggeri o pesanti. Studi con bambini più grandi condotti da Liuzza, Setti e Borghi rivelano inoltre che i soggetti rispondono più velocemente all'osservazione di oggetti leggeri che di oggetti pesanti, come se simulassero l'azione di sollevare l'oggetto; a conferma dell'ipotesi della simulazione, i risultati indicano che l'effetto è presente esclusivamente se l'oggetto è preceduto dall'immagine di una mano di un bambino in postura di afferramento, e non se da una mano di adulto o da una mano di un bambino con una postura di controllo (pugno).

5. *Le «affordance» tra automaticità e dipendenza dal contesto*

Fino a qualche anno fa, l'influenza di studi comportamentali come quelli di Tucker ed Ellis che abbiamo illustrato, nonché la scoperta che l'osservazione di strumenti o oggetti manipolabili attiva le aree premotorie sede dei neuroni canonici citati in apertura, ha indotto a pensare alle *affordance* come a un fenomeno totalmente automatico, ovvero «indipendente dal compito». Gli studi, infatti, lasciavano supporre che la mera osservazione di oggetti desse il via a un'automatica estrazione delle informazioni sul loro orientamento e la loro forma, utili per preparare a un'azione con essi, anche se il compito non richiedeva di concentrarsi su questi parametri. Coerentemente con questa idea, molti scienziati cognitivi classici, tra cui Pierre Jacob e Marc Jeannerod[3], hanno interpretato le trasformazioni visuomotorie elaborate lungo la via dorsale come prova dell'esistenza di una modularità forte di questa via, caratterizzata, tra le altre cose, dall'incapsulamento informazionale, ovvero dal fatto che ogni modulo opera in modo sordo e indipendente dalle elaborazioni svolte dagli altri moduli.

È dalla metà degli anni 2000 che iniziano a proliferare studi che mettono in discussione l'attivazione automatica delle *affordance*, per sottolineare invece che le *affordance* si attivano in modo flessibile e che la loro attivazione risente dell'influenza del compito e del contesto. Il ragionamento alla base di questa inversione di tendenza è semplice: gli studi fino a ora si sono concentrati su singole *affordance* di un oggetto. Ma spesso gli oggetti hanno *affordance* multiple, e siamo circondati da molti oggetti. Se la loro attivazione fosse davvero automatica, saremmo indaffarati di continuo a rispondere ad *affordance* in modo indiscriminato, ma chiaramente non è così. Nella vita reale l'attivazione di *affordance* è presumibilmente modulata dai nostri scopi e obiettivi tramite un processo di elaborazione denominato «top-down», cioè una modulazione a opera delle aree cognitive di ordine superiore. Ovviamente studi come quelli che abbiamo descritto non mostrano che le *affordance* di raggiungimento e di afferramento/prensione ci portano a sbagliare il compito che ci era stato assegnato – per esempio, nella gran parte dei casi categorizziamo correttamente le banane come oggetti naturali piuttosto che come artefatti, anche se per farlo dobbiamo mimare una presa di precisione piuttosto che una presa di forza. Le *affordance* influenzano solo parzialmente l'esecuzione dei compiti assegnatici, rendendoci più lenti e un po' più inaccurati nelle risposte. Tuttavia, il focus delle ricerche si sposta: l'interesse non sta più nel dimostrare che siamo sensibili alle *affordance* degli oggetti indipendentemente dal compito, ma piuttosto nel capire come avvenga l'interazione tra i nostri scopi, le azioni che intendiamo compiere, e le informazioni legate alle azioni che gli oggetti attivano.

Alcuni lavori recenti, ad esempio uno studio di Borghi e colleghi, mostrano che anche in compiti di categorizzazione in cui i partecipanti devono distinguere tra artefatti e oggetti naturali, l'effetto di compatibilità si ritrova soltanto se la risposta è eseguita mediante una presa di precisione e di forza. Al contrario, se i soggetti vedono semplicemente un «prime» rappresentato da un'immagine di una mano con postura di precisione o forza, l'effetto si manifesta solo in certe condizioni; ad esempio se prima dell'esperimento devono mimare i due gesti (con *prime* si intende un prestimolo, l'esposizione al quale influenza la risposta allo stimolo successivo, per esempio facilitandone l'elaborazione). In altre parole, gli studi mostrano che gli effetti di compatibilità si manifestano solo se si richiede una risposta motoria o se si sottopone il partecipante a un «*prime* motorio», entrambi congruenti con le caratteristiche dell'oggetto. È dunque l'esecuzione di un particolare tipo di movimento che fa sì che l'*affordance* di afferramento si attivi, così da influenzare il comportamento e produrre un effetto di compatibilità. Nel 2006 Tipper e colleghi hanno condotto un esperimento in cui i partecipanti osservavano l'immagine di una maniglia, in diverse condizioni: presentata in orizzontale (condizione passiva), o in orientamento obliquo, come se fosse appena stata afferrata (condizione attiva); in due diversi colori e con due diversi orientamenti, ovvero con il manico che punta a destra o a sinistra. Hanno poi invitato i partecipanti a rispondere alla forma o al colore delle maniglie, usando due diversi tasti sulla tastiera, a destra e a sinistra, trovando un effetto di compatibilità tra l'orientamento del manico e il tasto premuto solo con la discriminazione di forma, non con quella di colore. L'effetto *affordance* inoltre è risultato essere più marcato quando l'oggetto veniva presentato nella condizione attiva, che implicava un'azione. Questo studio, i cui risultati sono stati replicati ed estesi in altri lavori con oggetti diversi, è forse il primo a dimostrare che l'effetto delle *affordance* è sensibile al compito e a ridimensionare la tesi che l'attivazione delle *affordance* sia automatica: quando viene richiesto di discriminare il colore, compito che comporta un'elaborazione abbastanza superficiale e non di natura pragmatica, l'effetto di compatibilità non emerge.

Negli anni a seguire, diversi lavori hanno mostrato come il contesto fisico e quello sociale influenzino l'attivazione delle *affordance*. In primo luogo, l'effetto delle *affordance* varia a seconda della distanza degli oggetti dal nostro corpo. Quando osserviamo una bottiglia, o un coltello, vicino a noi, nello spazio da noi raggiungibile, tendiamo ad afferrarlo; non è così quando vediamo l'oggetto fuori dalla nostra portata, nello spazio extrapersonale. È quanto hanno dimostrato Marcello Costantini e colleghi in una serie di studi condotti usando oggetti tridimensionali. Curiosamente, inoltre, i partecipanti destrimani, ma non i mancini, percepiscono gli utensili difficili da afferrare come più lontani rispetto a quelli facili da afferrare, come dimostrato da Sally Linkenauger e colleghi. Le evidenze neuropsicologiche con i pazienti sembrano ulteriormente confermare l'idea che privilegiamo qualche tipo di relazione canonica tra gli oggetti e il nostro corpo. In uno studio con un paziente con neglect – ovvero quella condizione neurologica in cui, a seguito di lesione parietale destra, il paziente non riesce a processare coscientemente quanto viene presentato nell'emicampo visivo sinistro – due neuropsicologi inglesi, Glyn Humphreys e Jane Riddoch, hanno trovato che la performance del paziente nel trovare gli oggetti richiesti dal neuropsicologo era migliore quando l'oggetto era descritto nei termini dell'azione che evocava piuttosto che della sua identità («prendi l'oggetto da cui puoi bere» piuttosto che «prendi la tazza»); questo vantaggio scompariva quando l'oggetto era nell'orientamento sbagliato per l'azione, per esempio con il manico lontano dall'osservatore. Quando le condizioni pragmatiche per afferrare l'*affordance* non sono presenti, l'attivazione delle *affordance* è sotto soglia: è quanto dimostra uno studio di stimolazione magnetica transcranica (TMS) condotto da Giovanni Buccino e colleghi in cui venivano presentati oggetti, ad esempio tazze, con il manico rivolto a destra o sinistra. Nelle immagini presentate, il manico raffigurato era, alternativamente, intatto o rotto. I potenziali motori evocati durante la stimolazione magnetica dell'area motoria dell'emisfero sinistro relativa alla mano risultavano più ampi quando il manico era collocato sulla destra, ma tale vantaggio della mano destra scompariva con il manico rotto. Il contesto, in questo caso dato da una caratteristica dell'oggetto, blocca l'attivazione preferenziale della mano destra.

Oltre che variare in funzione della distanza dal corpo, l'attivazione delle *affordance* varia a seconda di ciò che evoca la scena in cui l'oggetto è inserito. Se vediamo un cavatappi in un cassetto saremo indotti ad afferrarlo per spostarlo, e inizieremo dunque a preparare una presa di forza; se vediamo lo stesso cavatappi sul tappo di una bottiglia attiveremo una presa di precisione, adatta a utilizzarlo. I cosiddetti «oggetti conflittuali» hanno *affordance* che attivano diversi tipi di prensione, ed è il contesto – oltre che le nostre motivazioni – a decidere quale selezionare, come rivelato da alcuni studi condotti da Laurel Buxbaum, Solene Kalenine, Anna Borghi e colleghi.

Il contesto può essere esclusivamente fisico, o anche sociale – cioè indotto dalla presenza di altri individui. Vedere accanto agli oggetti la mano di un'altra persona in una data postura ci può influenzare, e aiutarci a comprendere le intenzioni di azione di un altro, come mostrano alcuni studi di Borghi, Natraj, Wheaton e colleghi e di Yoon, Humphreys e colleghi. Per esempio, il fatto di vedere due oggetti che solitamente vengono usati insieme, come un paio di forbici e un foglio di carta, ci porta a rispondere prima se accanto agli oggetti osserviamo una mano con una presa funzionale, che tipicamente adottiamo quando usiamo gli oggetti, mentre vedere due oggetti che di solito si trovano sullo stesso tavolo, come un paio di forbici e una puntatrice, ci porta a rispondere prima se vediamo una mano con una presa di manipolazione, adatta quando dobbiamo spostare oggetti. Uno studio EEG mostra che entrambe le condizioni attivano il circuito fronto-parietale alla base del sistema motorio, ma l'attivazione è meno lateralizzata a sinistra quando l'uso al quale l'oggetto è destinato non è univoco e non è legato esclusivamente a una specifica postura, quella funzionale. Anche le relazioni tra oggetti possono fornirci *affordance* per comprendere se l'altro sta per svolgere un'azione rivolta a noi, oppure un'azione individuale. Ad esempio, se vedo un altro individuo davanti a una tazza e a una bustina di tè sarò propenso a pensare che stia per prepararsi una tazza di tè, mentre se lo vedo con una tazza e una teiera penserò che si stia versando il tè, o che lo stia versando a un'altra persona. Inoltre il fatto che afferri la tazza con una postura funzionale, o viceversa con una postura manipolativa, come se dovesse spostarla, mi indurrà a pensare che voglia bere, nel primo caso, o compiere un'azione con me, per esempio versarmi il tè, nel secondo. Un recente studio di cinematica condotto nel laboratorio di Anna Borghi da Claudia Scorolli e colleghi mostra che abbiamo una capacità sofisticata di capire le intenzioni degli altri e di prepararci di conseguenza: osservando le relazioni tra oggetti, la postura dello sperimentatore e il suo sguardo, inferiamo se svolgerà un'azione da solo o con noi, e di conseguenza ci prepariamo, o meno, a essere coinvolti in un'azione. Altri studi, condotti ad esempio da Cristina Becchio e colleghi e da Francesca Ferri e colleghi, hanno mostrato una modificazione dei parametri cinematici quando un oggetto viene spostato per collocarlo altrove o per darlo a un altro individuo (intenzione sociale), o quando un pezzetto di cibo viene collocato in bocca a un altro individuo: in presenza di altri individui si ha un rallentamento delle fasi finali del raggiungimento, per essere più accurati e precisi nel porgere loro gli oggetti. L'effetto del contesto sociale viene indagato anche in rapporto alla relazione tra le *affordance* e il nostro corpo: quando vediamo un oggetto tridimensionale lontano dal nostro spazio di raggiungimento ma nello spazio peripersonale di un altro (un avatar), l'effetto *affordance* ricompare: è quanto hanno mostrato Marcello Costantini, Corrado Sinigaglia e colleghi.

In generale, gli studi che abbiamo preso in rassegna rivelano che l'attivazione delle *affordance* è modulata dal tipo di compito e dal contesto fisico e sociale. Da un lato questo sembra contraddire l'idea classica per cui gli oggetti invitano, immediatamente e automaticamente, a un'interazione. Ad esempio, potrebbe suggerire che le *affordance* siano attivate tramite un meccanismo top-down, guidato dalle intenzioni dell'agente in un dato contesto. Però è anche possibile, coerentemente con il modello di Cisek sulla competizione di *affordance*, descritto prima, che in una fase iniziale si attivino automaticamente tutte le *affordance*, ovvero tutte le possibilità di azione e che, in corso d'opera, il contesto operi da filtro selezionando quelle rilevanti per un dato compito e una determinata situazione.

6. *Tipi di «affordance»*

Le *affordance* possono essere di diverso tipo. Vi sono ad esempio «*affordance* di collisione», come le chiamava lo stesso Gibson: più che offrire opportunità di azione, un muro o un ostacolo indicano quello che può succedere qualora si urti un ostacolo – suggeriscono dunque quale via evitare. Un caso ancor più interessante è quello delle «*affordance* pericolose», indagate tra gli altri in diversi studi condotti da Filomena Anelli, Roberto Nicoletti, Mariagrazia Ranzini e Anna Borghi: in presenza di oggetti potenzialmente pericolosi reagiamo con un comportamento di automatico e inconsapevole evitamento. Si immagini di dover bisecare una linea, individuandone il punto centrale. Ai fianchi della linea sono collocate le immagini di un oggetto neutro, ad esempio un pomodoro o una lampadina, e di un oggetto pericoloso, ad esempio un riccio o una lampadina rotta, con il vetro tagliente in vista. Le persone tendono a bisecare la linea non esattamente al centro, ma avvicinandosi all'oggetto neutro e allontanandosi da quello pericoloso: questo risultato mostra, insieme ai risultati di alcuni esperimenti di controllo, che tendiamo a evitare gli oggetti pericolosi. Similmente, in compiti di categorizzazione tendiamo a rispondere più velocemente quando gli oggetti pericolosi si avvicinano a noi, come se tendessimo a fuggire o a evitarli il prima possibile, come dimostrato da Filomena Anelli e colleghi. Quando invece dobbiamo semplicemente categorizzare stimoli pericolosi e neutri, siamo più lenti con i primi, come se adottassimo automaticamente un comportamento inibitorio. Un'altra possibile distinzione riguarda quella operata tra «*affordance* stabili» e «*affordance* variabili», proposta da Anna Borghi e Lucia Riggio[4]. Le *affordance* stabili derivano da caratteristiche abbastanza permanenti, o invarianti, degli oggetti e della loro interazione con gli individui, come per esempio la grandezza. Ad esempio sappiamo che, al di là di piccole variazioni esistenti tra una ciliegia e l'altra, le ciliegie sono abbastanza piccole, e che per afferrarle dobbiamo eseguire una presa di precisione. Queste conoscenze che possediamo devono ovviamente essere messe a frutto per aiutarci a rispondere agli oggetti davanti a noi. Le *affordance* variabili derivano, invece, da proprietà degli oggetti che non ha senso trattenere in memoria, per esempio l'orientamento. Non memorizziamo l'*affordance* relativa all'orientamento del manico di una padella, dato che tale collocazione varia di volta in volta. Le *affordance* variabili, dunque, non sono codificate in memoria ma si derivano on-line, sul momento, ogni volta che l'individuo interagisce con l'oggetto. Attenzione, non vogliamo dire che le *affordance* relative alla grandezza degli oggetti siano sempre stabili e che quelle relative all'orientamento siano sempre variabili. Ci sono oggetti, come ad esempio le bambole, la cui grandezza può variare, quindi non ha senso per i bambini codificarne la grandezza; ugualmente, ci sono alcuni oggetti che percepiamo in un orientamento canonico, che ci è utile ricordare: ad esempio, ci è utile ricordare che, nelle gran parte dei contesti – ma non sempre – i bicchieri hanno il bordo rivolto verso l'alto e il fondo appoggiato su qualche piano. *Affordance* stabili e variabili non si contrappongono in modo dicotomico, ma sono piuttosto distribuite lungo un *continuum*. La nozione di stabilità, inoltre, non è assoluta: il comportamento umano è estremamente flessibile, e anche se sappiamo che solitamente i bicchieri sono diritti, siamo in grado anche di percepirli e usarli quando sono rovesciati. Similmente, la letteratura sulla fissità funzionale ci fa vedere che, anche se di solito usiamo le sedie per sederci, riusciamo a usarle anche per altri scopi, ad esempio per tenere aperta una porta. Semplicemente, siamo più pronti a usarle nel primo modo, il modo più frequente. Secondo evidenze preliminari la differenza tra i due tipi di *affordance* si traduce anche in una loro diversa collocazione neurale in vie funzionali diverse, anche se in parte sovrapposte: se entrambi i tipi di *affordance* attivano la via dorsale, le *affordance* stabili sarebbero rappresentate maggiormente nella via ventro-dorsale, e le *affordance* variabili in quella dorso-dorsale, dedicata al controllo on-line delle azioni, seguendo la ripartizione tra via dorso-dorsale e ventro-dorsale proposta dai neuroscienziati Rizzolatti e Matelli.

7. *Usare strumenti, tra manipolazione, funzione e ragionamento*

Una tipologia di oggetti che merita una trattazione a parte è quella relativa a strumenti o utensili. La capacità di creare e utilizzare strumenti è uno dei tratti distintivi del genere umano, risalente a un periodo a cavallo tra l'evoluzione dell'*Homo habilis* e dell'*Homo erectus*, i quali hanno prodotto i primi strumenti: rispettivamente, quelli celebri di pietra olduvaiani e i bifacciali acheuleani. Conseguentemente, l'uso di strumenti si situerebbe, curiosamente, tra l'evoluzione del bipedalismo e l'emergere del linguaggio. Tale uso rappresenta una capacità straordinariamente interessante poiché è situata in una terra di mezzo tra le abilità sensorimotorie, discusse sopra, e quelle invece più smaccatamente cognitive e astratte. Conseguentemente, spiegare come utilizziamo strumenti si candida a essere un banco di prova fondamentale per le teorie sensorimotorie ed *embodied* trattate in questo libro. L'uso di strumenti richiede infatti il processamento di molteplici informazioni: non solo l'elaborazione delle informazioni visuomotorie in vista di un'interazione diretta, ma anche il recupero di una conoscenza manipolatoria associata a una prassi motoria, nonché un ragionamento meccanico necessario alla selezione più adeguata (ad esempio, quello che ci porta a scegliere di avvitare una vite a spacco utilizzando una moneta, anziché un cacciavite a stella). Se, come nota Heidegger, l'osservazione di un martello non suscita una fredda contemplazione del martello, ma rimanda immediatamente all'azione e alla dinamica del martellare, questo è perché associamo al martello un'abitudine motoria, che non è derivabile dalla sua struttura. L'uso di *strumenti familiari* è infatti guidato da una conoscenza manipolatoria che non deriviamo solo dalla struttura dell'oggetto, ma che abbiamo – per così dire – immagazzinato in una sorta di memoria motoria. Immaginate ad esempio di essere posti per la prima volta di fronte a una cote da contadini: non avreste problemi ad afferrarla e manipolarla, ma non sapreste qual è il suo uso, e dovreste apprendere a utilizzarla appropriatamente. E anche dopo aver compreso a che cosa serve, non sareste probabilmente in grado di utilizzarla efficacemente, se non dopo lunga pratica. Non avreste, cioè, alcuna «conoscenza manipolatoria» associata a essa.

L'osservazione di strumenti familiari prepara automaticamente due tipi di gesti: gesti volumetrici, usati per sollevare e spostare l'oggetto, e gesti funzionali al loro utilizzo, che caratterizzano la conoscenza manipolatoria per quell'oggetto. Tuttavia, i tempi impiegati dal nostro cervello per processare questa informazione sono leggermente differenti: rispondiamo più velocemente a domande relative alla struttura dell'oggetto, rispetto a quelle relative alla funzione e alla conoscenza manipolatoria. D'altra parte, usare strumenti sulla base di una conoscenza manipolatoria richiede una complessa abilità di risoluzione di problemi motori: anche se sappiamo martellare, ogni nuova situazione d'uso sarà caratterizzata da nuove sfide, che richiederanno di adattare la nostra conoscenza manipolatoria alle contingenze del caso. Chiunque si sia trovato a utilizzare un martello lavorando nello spazio angusto di un cassetto, o sotto un lavandino, o con una spalla dolente, sa benissimo quanto il gesto che caratterizza la pantomima del martellare debba essere adattato di volta in volta per sottostare ai vincoli del momento. Saper usare strumenti è, per così dire, simile all'abilità nel risolvere cruciverba: l'esperto non è tale perché ha immagazzinato in memoria ogni soluzione possibile, ma piuttosto perché in grado di adattare al caso specifico il proprio bagaglio di esperienza. Questo è un processo automatico, ma che richiede un po' di tempo.

Da un punto di vista neuroscientifico, la differenza tra processamento automatico della struttura di un oggetto (funzionale al suo afferramento: «prendere il cacciavite dal manico»), e l'attuazione di una conoscenza manipolatoria a esso associata (da adattare a una situazione specifica: «avvitare in senso orario»), ha portato gli scienziati cognitivi a individuare due sistemi cerebrali differenti a supporto delle due attività. L'interazione semplice alla base dell'afferramento e della manipolazione di oggetti sembra attivare un circuito fronto-parietale bilaterale (il circuito AIP-F5 citato sopra), che elabora le *affordance* dell'oggetto sulla base della loro struttura. Viceversa, l'utilizzo di strumenti attiva un circuito parietale specificatamente lateralizzato nell'emisfero sinistro, in corrispondenza del giro sovramarginale anteriore, che opera in parallelo con il primo ed è unicamente dedicato all'uso di utensili. Questo secondo sistema, recentemente descritto da Guy A. Orban e Fausto Caruana[5], avrebbe la funzione di integrare una serie di informazioni, cruciali nell'uso di strumenti: informazioni visuomotorie relative alla struttura dell'oggetto, ritrasmesse da AIP, informazioni somatiche dalle aree sensoriali, informazioni semantiche relative all'identità dello strumento e informazioni relative al pattern dinamico associato al suo movimento, ritrasmesse dal lobo temporale, nonché informazioni motorie relative alla conoscenza manipolatoria, ai vincoli cinematici e allo scopo dell'azione, ritrasmesse da altre stazioni del sistema motorio. Questo secondo circuito sembra essere filogeneticamente recente, ovvero una conquista evolutiva umana non compiutamente sviluppata in nessun'altra forma animale. D'altra parte, benché alcuni animali, scimmie e corvidi in particolare, utilizzino strumenti talvolta anche in modo sorprendente, non vi è dubbio che queste rappresentino attività occasionali, laddove è invece raro immaginare un solo momento della giornata di un essere umano in cui non è impegnato nell'uso di un qualche strumento.

La capacità di scegliere lo strumento adatto a una specifica situazione richiede inoltre un «ragionamento meccanico», come sostiene il neuropsicologo francese François

Osiurak, ovvero quel tipo di ragionamento che ci porta a decidere di avvitare una vite utilizzando una moneta, una volta appurato che non abbiamo a disposizione un cacciavite. Questo tipo di ragionamento sembra coinvolgere molteplici relazioni: la relazione tra agente e strumento, descritta finora, ma anche l'analisi delle caratteristiche strutturali che determinano l'interazione tra uno strumento e il suo oggetto target (il martello e il chiodo), nonché la relazione tra oggetto target (il chiodo) e la superficie (il muro). Ragionare sulle due ultime tipologie di relazione presuppone una certa familiarità con i principi della meccanica e con l'acquisizione di leggi tecniche astratte, e non invece con la compatibilità tra abilità del soggetto e proprietà specifiche di un determinato strumento. Non è chiaro fino a che punto questi aspetti possano essere spiegati all'interno di una spiegazione sensorimotoria, benché vi siano buoni motivi per pensare che questo tipo di ragionamento si avvalga anche di informazioni motorie, e dunque non possa dirsi in ultima analisi del tutto disancorato dal sistema motorio, come sostenuto di recente da Fausto Caruana e Valentina Cuccio[6]. D'altra parte, studi clinici hanno mostrato come pazienti con aprassia, dovuta a lesioni parietali che coinvolgono – tra l'altro – il giro sovramarginale anteriore, siano incapaci di eseguire tanto azioni con strumenti e pantomime, quanto compiti che richiedano la messa in atto di un ragionamento meccanico.

Un ultimo aspetto degno di nota riguarda il cosiddetto incorporamento dello strumento nello schema corporeo. Il concetto di schema corporeo fa riferimento a una sorta di modello, istanziato nel nostro cervello, impiegato per coordinare i nostri movimenti nello spazio. Secondo il filosofo Shaun Gallagher lo schema corporeo è un sistema di controllo di operazioni subpersonali che sfuggono alla consapevolezza, ma che sono costantemente in atto nella vita quotidiana, durante la guida del corpo. L'idea secondo la quale l'utilizzo di uno strumento implica un suo automatico incorporamento nello schema corporeo risale a più di quindici anni fa, quando il neuroscienziato giapponese Iriki mostrò come neuroni bimodali del solco intraparietale anteriore, caratterizzati dalla presenza di campi recettivi somatosensoriale (sRF) e visivo (vRF) intorno alle dita della mano, espandevano il vRF fino a includere l'intero strumento, durante il suo utilizzo. Conseguentemente, bastava che lo sperimentatore si avvicinasse allo strumento perché i neuroni bimodali iniziassero ad attivarsi, come se stesse realmente toccando la mano del soggetto. Questi dati suggerivano che durante l'uso dello strumento lo schema corporeo viene esteso fino a inglobare lo strumento come parte del corpo stesso: il cervello tratta lo strumento come fosse la mano. Il dato è stato poi largamente confermato da studi neuropsicologici su pazienti con lesione parietale destra, tipicamente affetti da neglect spaziale unilaterale ristretto allo spazio peripersonale, ovvero lo spazio intorno al nostro corpo e raggiungibile dalla mano. In questi pazienti, nessun deficit è osservabile se gli stimoli vengono presentati nello spazio extrapersonale, ma durante l'utilizzo di strumenti lunghi il neglect spaziale si estende fino a comprendere tutto ciò che è posto all'interno dello spazio raggiungibile dallo strumento, poiché lo spazio potenzialmente raggiungibile dall'effettore biologico viene a sua volta esteso fino a comprendere tutto lo spazio raggiungibile dallo strumento. Ancora una volta, dunque, lo strumento diventa parte del corpo dell'agente.

8. *Come l'azione influenza la percezione*

La gran parte degli studi che abbiamo preso in rassegna fino a ora mostrano che le *affordance* emergono dall'interazione tra le caratteristiche percettive degli oggetti, le abilità di un agente e i suoi obiettivi d'azione. Per i sostenitori della cognizione *embodied* l'interesse per le *affordance* è naturale, proprio perché rappresentano una sintesi tra percezione e azione, nonché tra un approccio bottom-up e uno top-down alla percezione. Un filone di ricerca molto interessante, e fortemente influenzato dalla visione gibsoniana, è quello che mostra come le persone percepiscano oggetti e ambiente in funzione della loro capacità di agire. Psicologi come Denny Proffitt, Jessica Witt, Sally Linkenauger, Jeanine Stefanucci, e Sarah Creem-Regehr hanno rivelato molti fenomeni curiosi, che ci mostrano come azione e percezione siano strettamente interrelate, e come la percezione sia un processo penetrabile, che l'azione può influenzare. Questo ovviamente contrasta con la visione tradizionale della percezione e della visione, sostenuta ad esempio dal filosofo Jerry Fodor e dallo scienziato cognitivo Zenon Pylyshyn, intesa come un modulo cognitivamente impenetrabile, non influenzabile dalle nostre conoscenze.

Un numero considerevole di esperimenti ha dimostrato effetti specifici sulla percezione che possono riguardare lo sforzo necessario per condurre un'azione, o le conseguenze di un'azione. Partiamo dallo sforzo. I partecipanti che indossavano uno zaino tendevano a stimare un dato percorso come più lungo rispetto a quelli che non indossava lo zaino. La lunghezza di un percorso viene sovrastimata anche da chi è sovrappeso, da chi è affaticato, da chi è più vecchio. Queste evidenze indicano che la distanza non è percepita in termini assoluti, ma nei termini dello sforzo che dobbiamo eseguire per coprirla. La percezione è influenzata anche dalle possibili conseguenze di una data azione. Così, chi è in cima a una montagna su uno skateboard stima la discesa come più ripida se ha paura, altrimenti la percepisce come meno scoscesa; similmente, chi ha paura dell'altezza tende a sovrastimare le distanze verticali; oggetti minacciosi come i ragni ci appaiono come più grandi, più vicini e più veloci degli oggetti non pericolosi. Gli studi sugli sportivi sono un ambito ideale per mostrare che la nostra capacità di azione influenza la percezione: per esempio, i bravi giocatori di baseball tendono a sovrastimare la grandezza della palla, mentre i giocatori di golf esperti giudicano la buca più grande rispetto ai giocatori meno abili. Analogamente, gli arcieri più esperti giudicano il target più grande e i giocatori di tennis più bravi stimano la rete come più bassa. I nuotatori abili giudicano i target sott'acqua più vicini. Si hanno effetti simili anche per chi gioca a freccette e per i bambini che giocano a palla.

La possibilità che esistano effetti top-down dell'azione e della cognizione sulla percezione è stata recentemente oggetto di accesi dibattiti. I critici ritengono che risultati come quelli che abbiamo brevemente illustrato siano troppo suscettibili di essere influenzati dalle aspettative dello sperimentatore: in altre parole, secondo i detrattori i partecipanti sarebbero in grado di inferire l'obiettivo dell'esperimento e di controllare le stime esplicite che vengono loro richieste, e di conseguenza i risultati non sarebbero sufficientemente affidabili. Tuttavia, gli autori usano accorgimenti metodologici sofisticati per evitare che questo accada – ad esempio, usano storie di sfondo per mascherare gli obiettivi degli esperimenti, e usano sia stime esplicite che implicite, non facilmente controllabili dai partecipanti – ad esempio, lanciare una palla piuttosto che fornire una stima della distanza. Nell'insieme, a noi pare che questo ricco insieme di studi sia di grande valore e confermi molto bene le ipotesi di Gibson circa la relazione tra percezione e azione. Insomma, in principio era l'azione.

9. *Conclusione*

In questo capitolo ci siamo concentrati soprattutto su come lo stato dell'arte nelle scienze cognitive restituisca un'idea di percezione come forma di attività che coinvolge il sistema motorio e la preparazione all'azione, in linea con quanto prefigurato dai filosofi pragmatisti e fenomenologi all'inizio del XIX secolo, e con le idee espresse dallo psicologo americano James Gibson con il concetto di *affordance*, nella seconda metà dello stesso secolo. Le *affordance* sono le possibilità di azione che l'ambiente ci offre. In questo capitolo abbiamo cercato di mostrare come, da Gibson in poi, il concetto di *affordance* si sia modificato, rendendo rilevante per il loro studio la letteratura sul cervello e non solo quella sul comportamento. A questo proposito, abbiamo illustrato le evidenze sulle vie della visione e sui neuroni canonici. Abbiamo poi preso in considerazione gli studi comportamentali sulle *affordance*, molti dei quali condotti con paradigmi di compatibilità. Se fino a qualche anno fa si cercava di dimostrare che le *affordance* si attivavano automaticamente, indipendentemente dal compito, negli ultimi anni ci si è piuttosto soffermati sulla flessibilità delle *affordance* e su come siano modulate dal contesto e dal tipo di compito. Abbiamo poi discusso di tipi diversi di *affordance*: da quelle degli oggetti pericolosi, alla distinzione tra *affordance* stabili e variabili, più o meno stabili in memoria, a quella tra manipolazione e funzione. Infine abbiamo illustrato un recente filone di ricerca che mostra che la percezione è influenzata dalle nostre possibilità di azione: ad esempio, la facilità con cui riusciamo a raggiungere un oggetto ne influenza la percezione della distanza e della grandezza. Studi come questi suggeriscono che la percezione non è modulare ma penetrabile, e confermano che prima di tutto viene l'azione.

NOTE AL CAPITOLO SECONDO

1 M. Heidegger, *Essere e tempo* (1927), Milano, Longanesi, 2006, pp. 343-345.

2 J. Dewey, *Esperienza e natura* (1958), Milano, Mursia, 1973, p. 35.

3 P. Jacob e M. Jeannerod, *Ways of Seeing: The Scope and Limits of Visual Cognition*, Oxford, Oxford University Press, 2003.

4 A.M. Borghi e L. Riggio, *Stable and variable affordances are both automatic and flexible*, in «Frontiers in Human Neuroscience», 9, 2015, p. 351; DOI: 10.3389/fnhum.2015.00351.

5 G.A. Orban e F. Caruana, *The neural basis of human tool use*, in «Frontiers in Psychology», 5, 310, 2014. DOI: 10.3389/fpsyg.2014.00310.

6 F. Caruana e V. Cuccio, *Types of abduction in tool behavior. Phenomenology and the cognitive science*, first online 11/12/2015, pp. 1-19.

CAPITOLO TERZO

EMOZIONI COME AZIONI

> Per un osservatore i miei gesti di rabbia sono segnali espressivi, indicazioni, ma di sicuro non sono questo per me. Giudicare questi movimenti come primariamente espressivi significa cadere nella fallacia dello psicologo, cioè confondere il punto di vista di chi osserva e spiega con quello del fatto osservato.
>
> John Dewey

1. *Esistono le emozioni?*

Secondo il filosofo Paul Griffiths il termine *emozione*, benché utile nei nostri discorsi letterari, poetici, o della vita di tutti i giorni, non si riferisce ad alcun genere naturale o categoria biologica precisa, ed è troppo vago per essere impiegato nell'indagine scientifica. La categoria *emozione* non costituisce infatti un unico oggetto di conoscenza, e non esiste alcuna garanzia che le scoperte su alcune emozioni possano essere estese, per induzione, ad altre emozioni: non è cioè un «genere naturale». Secondo questo ragionamento, pensare che il termine *emozione* possa essere utile in sede scientifica, magari solo perché è possibile offrire una definizione precisa di cosa pensiamo sia un'emozione, è un errore paragonabile a quello fatto dalla fisica aristotelica, la quale accorpava tutti gli oggetti al di sopra dell'orbita della Luna in una singola categoria, ovvero quella di oggetto sopralunare. Infatti, benché sia vero che esistono oggetti al di sopra dell'orbita della luna, e quindi che esistano oggetti sopralunari, tuttavia nulla segue, in termini di inferenze possibili, dal fatto che un oggetto è sopralunare, e allo stesso modo nulla segue dal fatto che uno stato psicologico sia un'emozione. Le nostre nuove conoscenze sui meccanismi della paura, ad esempio, non saranno trasferibili a quelli della felicità, del disgusto, della gelosia, o altre emozioni. In effetti, i circuiti corticali e i neurotrasmettitori che supportano le diverse emozioni sono spesso molto differenti. Ma, addirittura, le nuove conoscenze sui meccanismi della paura (o di qualunque altra emozione) non saranno necessariamente trasferibili a tutte le istanze possibili del termine *paura* – che può racchiudere infatti risposte e stati psicologici molto differenti l'uno dall'altro: pensiamo a quanto siano distanti la paura evocata da qualcuno che improvvisamente salta fuori dal buio, la paura di volare, e la paura che crolli la borsa. La ragionevole proposta di Griffiths è che, poiché non esiste alcun processo psicologico in grado di cogliere insieme tutto quello che noi chiamiamo emozione, questo concetto debba essere eliminato dai vocabolari scientifici. Naturalmente, questo non implica il fatto di non studiare i nostri stati emozionali bensì di individuare, caso per caso, la migliore spiegazione scientifica possibile.

Per molto tempo una categoria scientificamente rispettabile, e in grado di spiegare *alcuni aspetti* di ciò che quotidianamente chiamiamo emozione, è stata quella di programma affettivo (*affect program*)[1]. Questo concetto si applica al caso delle cosiddette emozioni di base, ovvero quel numero limitato (e variabile a seconda degli autori) di emozioni identificate in base alle espressioni stereotipate che le caratterizzano. In un certo senso, tutto cominciò con Darwin. Nel suo monumentale libro *L'espressione delle emozioni nell'uomo e negli animali* Darwin analizza le manifestazioni facciali, quelle corporee, vocali e posturali dell'emozione, e ne conclude che l'espressione delle emozioni può essere spiegata sulla base di tre principi. Il primo e più celebre è chiamato «principio delle abitudini associate», e sostiene che ogni emozione evoca come risposta un'azione utile a soddisfarla, che corrisponde più o meno a ciò che altri dopo di lui chiameranno appunto programma affettivo. L'espressione di disgusto, ad esempio, è determinata da un programma funzionale a ridurre il contatto sensoriale tra la cavità orale e le sostanze disgustose, e rappresenta l'inizio dell'atto di rigurgitare il cibo andato a male. Una volta stabilita l'associazione tra l'emozione e l'espressione, il programma affettivo partirà automaticamente per abitudine, anche se in diversi casi non sarà di alcuna utilità: il rizzarsi dei peli corporei durante la paura aveva originariamente la funzione di far sembrare i nostri antenati più grandi e temibili in situazioni di pericolo, ma oggi non ha più alcuna funzione per noi. Coerentemente con il primo principio di Darwin, secondo lo psicologo Nico Frijda le emozioni sono «attività relazionali», cioè attività che stabiliscono o modificano una relazione tra il soggetto o qualche oggetto o l'ambiente, cambiando le relazioni spaziali, la preparazione all'azione, la percezione, o influenzando le risposte altrui. Il secondo principio formulato da Darwin è il «principio dell'antitesi» e sostiene che, poiché alcune emozioni sono di segno completamente opposto, anche le corrispondenti espressioni hanno caratteristiche espressive opposte. Ad esempio, se per determinati motivi l'espressione aggressiva ha certe caratteristiche facciali, quella di sottomissione accentuerà i pattern facciali opposti. Il terzo principio, infine, sostiene che alcune espressioni sono determinate dalla costruzione del sistema nervoso. I primi due principi di Darwin rappresentano ancora una valida teoria psicoevolutiva, se consideriamo il fatto che molte espressioni emozionali sono andate incontro a un «adattamento secondario», ovvero hanno acquisito col tempo un'utilità diversa da quella originaria. Questo adattamento secondario ha a che fare con la funzione di comunicare qualcosa ad altri membri del gruppo e, come vedremo nel corso del capitolo, quest'idea ci porterà alla conclusione che molte emozioni non sono altro che tipi particolari di azioni e gesti sociali. Darwin, tuttavia, non ha mai parlato esplicitamente di emozioni di base, né tantomeno di programmi affettivi. Il concetto di programma affettivo è stato invece introdotto in modo esplicito in psicologia solo negli anni '60 da Silvan Tomkins e poi reso popolare da Paul Ekman, il quale ritiene che tali programmi siano universali, ovvero sostanzialmente immutati in differenti culture. Ekman è noto per aver sostenuto che è possibile identificare un numero di emozioni di base, originariamente fissato a sei (gioia, paura, disgusto, sorpresa, tristezza, rabbia) ma poi via via incrementato nel tempo. I programmi affettivi regolano risposte *complesse*, *coordinate* e *automatiche*: l'attivazione di un programma affettivo evoca una serie di risposte che impattano contemporaneamente su una complessità di fattori quali l'espressione facciale, la postura, la risposta vegetativa, e finanche la risposta neuroendocrina – il tutto coordinato in una sequenza di attivazione ben precisa. Il programma è inoltre automatico perché viene sprigionato in maniera incontrollata, quasi come fosse un riflesso. In questo senso, i programmi affettivi sarebbero simili ai moduli della mente descritti da Fodor nel classico *La mente modulare*, cioè hanno operazioni *obbligate* (infatti, esattamente come i riflessi, i moduli non possono non attivarsi in presenza dello stimolo opportuno) e *incapsulate informazionalmente* (ovvero, ignorano tutte le informazioni non esterne al loro dominio e irrilevanti al processo). Il ricorso ai programmi affettivi permette una spiegazione delle emozioni al livello computazionale e di implementazione neurale, tant'è che numerosi studi sono stati intrapresi proprio al fine di identificare le basi corticali o, più spesso, sottocorticali in cui questi programmi hanno sede. I programmi affettivi trovano la loro ragion d'essere all'interno della cosiddetta «teoria categoriale» delle emozioni, secondo la quale esiste un numero fisso di categorie di emozioni, intorno alle quali sono organizzati i circuiti cerebrali.

Recentemente alcuni autori hanno criticato l'idea che il concetto di emozione di base riesca a descrivere in modo proficuo la psicologia e le neuroscienze delle emozioni. Le ragioni sono molteplici. Per prima cosa, nessuno è d'accordo nel definire quante e quali sono le emozioni di base, poiché ogni teoria suggerisce un numero differente di emozioni di base, nonché nomi differenti per emozioni simili. Inoltre, gli studi sulle emozioni di base hanno spesso il limite metodologico di impiegare test di riconoscimento che prevedono una scelta forzata in cui il soggetto deve definire l'espressione osservata mediante uno dei termini messigli a disposizione: se siamo costretti a scegliere se catalogare quel volto come felice, triste o disgustato, senza poter rendere conto delle possibili sfumature che ognuno di noi potrebbe vedervi, allora sarà probabile che le nostre risposte saranno molto simili, indipendentemente dalle nostre impressioni, dalla nostra età, o dalla nostra cultura. Infine, le emozioni di base individuate negli studi sugli animali poco hanno a che fare con le emozioni di base individuate negli studi sugli esseri umani. Rispetto al concetto di emozione di base suggerito dagli studi sugli esseri umani, per lo più derivato dall'analisi dei pattern di espressione facciale, altri neurobiologi hanno studiato i circuiti fisiologici delle regioni sottocorticali, evolutivamente più antiche, derivandone sistemi per la sopravvivenza o per l'apprendimento. Secondo il neuroscienziato Jaak Panksepp, il quale ha identificato sette sistemi affettivi di base che corrispondono a ricerca, paura, collera, desiderio sessuale, cura, panico/sofferenza, gioco, i sistemi affettivi sono presenti non solo nei primati superiori, ma anche in animali molto differenti da noi, come ad esempio gli uccelli. Naturale dunque che tali sistemi di base non assomiglino neanche lontanamente alle emozioni di base indentificate da Ekman.

Alla luce dei problemi che riguardano quindi la teoria categoriale, è stato sostenuto che le emozioni di base sono costrutti sociali e linguistici che poco hanno a che fare con l'architettura, biologicamente determinata, del nostro cervello. Un approccio spesso legato alle nuove scienze cognitive *embodied* radicali è infatti quello proposto dalle teorie psicologiche costruttiviste, come quella formulata dalla psicologa Lisa Feldman Barrett, secondo le quali è errato pensare che esistano confini netti tra emozioni discrete, e che di conseguenza sia errato cercare nel cervello circuiti specializzati a supportare le differenti emozioni[2]. Come ha ben suggerito lo psicologo americano James Russell, le intuizioni prescientifiche del senso comune giocano un ruolo chiave nella fase iniziale della ricerca scientifica, ma i progressi ottenuti in discipline quali la meccanica quantistica, la relatività, la tettonica a placche o l'evoluzione per selezione naturale hanno ben mostrato come le verità della scienza possano andare ben al di là dei confini dell'intuizione quotidiana. Coerentemente, molti psicologi sostengono che i dati sperimentali contemporanei relativi alle basi neurali delle emozioni possono essere spiegati meglio da un modello «costruttivista» di quanto non possa fare un modello «categoriale». La differenza tra i due modelli sta nel fatto che mentre il modello categoriale cerca di identificare nel cervello specifici circuiti adibiti a differenti emozioni, in larga parte definite sulla base di una tassonomia linguistica basata sul linguaggio ordinario, il modello costruttivista prevede che ciò che è codificato dalle varie aree del cervello non sia la singola categoria emozionale quanto più componenti psicologiche o fisiologiche più primitive che la compongono: il feedback corporeo, l'attenzione esecutiva, l'*arousal* (ovvero quello stato attentivo-cognitivo di vigilanza e di allerta generale che prepara la reazione a stimoli esterni), e così via, che non esauriscono il loro ruolo nel dominio delle emozioni. Così quello che noi chiamiamo emozione, o paura, o disgusto, non è altro che una particolare combinazione di queste primitive, ognuna delle quali non è intrinsecamente emozionale. Le stesse primitive compongono più o meno tutte le emozioni, ma con distribuzioni differenti. Ad esempio, il feedback corporeo è una caratteristica tipica del disgusto più che di altre emozioni, ma feedback corporeo e disgusto non sono la stessa cosa. Quindi, se un'area del cervello è spesso attivata durante l'esperienza di disgusto non è perché codifica il disgusto, ma perché è implicata nel feedback corporeo. Stessa cosa vale per l'*arousal*: il livello di *arousal* è caratteristico della paura più che di altre emozioni, ma *arousal* e paura non sono la stessa cosa, e se un'area del cervello è spesso attivata negli studi sulla paura è perché essa codifica la primitiva dell'*arousal*, e non la paura stessa. Le emozioni non sono dunque rappresentate nel cervello, in linea con una tradizione antiessenzialista le cui basi risalgono alle teorie di James e di Wundt. Contemporaneamente con l'idea che le emozioni di base siano costrutti sociali e linguistici, e non elementi dell'architettura del cervello emozionale, è stato suggerito che un ruolo non indifferente nella costruzione dei concetti di emozione sia giocato dalle aree deputate al linguaggio, che immagazzinano il significato delle parole del linguaggio emozionale: infatti le istanze di ogni categoria emozionale creata dalle componenti primitive sopra citate non hanno, nel mondo reale, una regolarità statistica sufficientemente forte, per cui l'impiego di parole emozionali influenza il processo di concettualizzazione in categorie astratte e basate su un costrutto sociale. In altri termini, quello che ci fa considerare la gioia come una categoria emozionale ben definita è anche dovuto al fatto che il termine stesso «gioia» impone confini netti tra esperienze differenti in cui il confine è tuttavia decisamente sfumato. Indipendentemente dagli argomenti dei costruttivisti, inoltre, studi sui rapporti tra emozione e cognizione hanno portato a rivedere l'idea che il concetto di emozione definisca un oggetto di studio a sé stante, separato da quelli che vengono definiti processi cognitivi non emozionali (attenzione, decisione, motivazione, percezione): le aree cerebrali storicamente considerate «emozionali» supportano processi cognitivi, così come le aree «cognitive» supportano processi emozionali, le prime e le seconde contribuendo insieme alla formazione di network anatomici e funzionali altamente integrati.

Complessivamente, queste riflessioni dovrebbero suonare la campana a morto per le teorie categoriali, poiché le categorie emozionali risulterebbero essere una sorta di epifenomeno. La proposta è estremamente attraente, e non ha mancato di far presa sulla ricerca. Sebbene il dibattito teorico sia lungi dall'essere esaurito, la tendenza generale nelle scienze cognitive è oggi quella di abbandonare il problema se esistano o meno emozioni di base, nonché l'idea per cui singole aree siano addette a singole funzioni comportamentali. Coerentemente, si assiste oggi a uno spostamento del focus di studio degli scienziati: al contributo di una singola area al processamento delle emozioni, si preferisce il funzionamento di network dinamicamente integrati nel tempo mediante meccanismi di interazione su larga scala e modulati da specifici contesti e attenzioni, sociali e motivazionali.

2. *Il corpo: da William James ai neojamesiani*

Nell'idea di Darwin i programmi alla base delle risposte emozionali governano l'espressione delle emozioni ma non l'esperienza emozionale a essi associata, individuando nell'aspetto sensoriale e nell'aspetto produttivo delle emozioni due eventi cronologicamente differenti. Prima proviamo un'emozione e poi, eventualmente, la esprimiamo[3].

Ma se per Darwin l'espressione delle emozioni è un'eventuale conseguenza dell'esperienza soggettiva che un individuo ha nel provare una data emozione, il dibattito più acceso sulle emozioni oggi nelle neuroscienze cognitive gravita invece intorno a questo secondo aspetto fondazionale: qual è la natura di un'esperienza emozionale? La risposta classica, che metteremo in discussione nel corso del capitolo, sostiene che avere un'esperienza emozionale è provare qualcosa, ovvero avere un'esperienza percettiva paragonabile alle esperienze sensoriali provocate dall'essere toccati, dal sentire un suono, o dall'assaporare un gusto. Le emozioni, tuttavia, sembrano essere tipi particolari di percezione, percezioni rivolte non verso l'esterno – come accade per le altre modalità sensoriali – quanto piuttosto verso l'interno. L'idea che il provare un'emozione rappresenti un'attività sensoriale è da sempre un'idea molto popolare tra gli studiosi di emozioni e il pilastro fondamentale di questo filone di ricerca sulle emozioni è quello costruito dal filosofo e psicologo americano William James. James sostiene che l'esperienza soggettiva di un'emozione corrisponde alla percezione delle modificazioni fisiologiche in cui il nostro corpo incorre se posto dinnanzi a uno stimolo emozionale. In altri termini James da un lato accetta la dicotomia adottata da Darwin tra *espressione* dell'emozione ed *esperienza* emozionale, ma dall'altra ne ribalta l'ordine di comparsa: l'espressione dell'emozione, automaticamente scaturita dalla presentazione dello stimolo emozionale, dà luogo a modificazioni corporee – modulazione della frequenza cardiaca, dei cicli respiratori, della sudorazione, e di altri parametri vegetativi e scheletromotori – la cui percezione genera l'esperienza soggettiva emozionale. James postula dunque una relazione deterministica tra reazioni corporee ed emozioni, tali per cui se e soltanto se si verificheranno determinate reazioni corporee si avrà una data esperienza emozionale[4]. Tuttavia, un primo passo verso l'*embodiment* delle emozioni lo dobbiamo a lui e alla sua «teoria della rilettura». Che però, come vedremo alla fine del capitolo, potrebbe non essere ancora sufficiente. Indubbiamente, molti neuroscienziati impegnati nello studio delle emozioni hanno accettato l'idea che l'esperienza emozionale derivi da un'attività di tipo sensoriale o, ancora meglio, interpretativa dell'input corporeo, seguendo il solco tracciato da James. In particolare, gli studi sulle basi neurali dell'esperienza emozionale considerano cruciale l'attività dei centri cerebrali implicati nella ricezione e analisi di specifici input sensoriali, in primo luogo input corporei. C'è anzi stata una vera e propria caccia all'area cerebrale che, più di ogni altra, sembrava essere adatta al ruolo di lettore dei feedback corporei. Antonio Damasio, uno dei neojamesiani più popolari, distingue tra il mero sentire un'emozione, e l'esperienza emozionale vera e propria: la prima consiste nell'avere immagini mentali relative ai cambiamenti del corpo costituenti l'emozione; la seconda consiste nella costruzione di rappresentazioni complesse ottenute dalla rilettura e rielaborazione degli input sensoriali di natura corporea. Tali rappresentazioni parteciperebbero a una varietà di funzioni cognitive *apparentemente* fredde, lontane dal dominio delle emozioni, quali il prendere decisioni, o l'esprimere giudizi morali. In realtà, secondo Damasio, solo una parte dei processi che danno luogo a una scelta finale sono retti da una ragione teoretica fredda atta a desumere conseguenze logiche da una serie di premesse. Viceversa, la gran parte delle scelte che guidano quotidianamente il dominio personale e la condotta sociale è retta da meccanismi di tipo completamente differente, e profondamente radicati nel corpo.

3. *Decisioni ed emozioni: l'ipotesi del marcatore somatico*

Da questo punto di vista, la celebre storia di Phineas Gage rappresenta un caso esemplare. Molti probabilmente lo conosceranno già: Phineas Gage, l'operaio delle ferrovie statunitensi che nel 1848 fu vittima di un incidente provocato dallo scoppio di una carica di esplosivo che scagliò un'asta di metallo fino a trapassargli il cranio da parte a parte, lesionando la corteccia prefrontale. Il medico John Martyn Harlow, che lo ebbe in cura già poche ore dopo l'accaduto, disse che Phineas Gage era noto per essere un gran lavoratore, responsabile e amato dai colleghi, una persona intelligente, con un buon senso degli affari, e molto energico nel perseguire i suoi piani. La lesione lasciò vivo Phineas Gage, e non dette neppure danni apparenti: poco dopo l'esplosione infatti riprese conoscenza, ricominciò a parlare e poté addirittura camminare senza problemi. Perse la vista da un occhio, e questo sembrò tutto. Apparentemente un miracolato. Tuttavia, fu lo stesso Harlow a raccontare come, col tempo, il carattere di Gage iniziò a cambiare, diventò un personaggio disturbato, irriverente, con poco rispetto nei confronti degli amici, recalcitrante ai limiti e ai consigli altrui, e incapace a tener fede a promesse o a piani futuri. Gli amici iniziarono a dire che Phineas non era più lui. Il caso di Phineas Gage, che secondo alcuni fu tuttavia abbondantemente romanzato, è stato preso ad esempio da Antonio Damasio nel suo classico *L'errore di Cartesio* per spiegare la sua idea, marcatamente neojamesiana, del come prendiamo decisioni nella vita di tutti i giorni e di come le emozioni o, meglio, la loro *rilettura*, determini buona parte della nostra condotta. Secondo l'*ipotesi del marcatore somatico*, questo il nome della teoria, quando ci troviamo di fronte a scelte conflittuali che richiedono una decisione, non scegliamo mediante un freddo calcolo dei pro e contro, come si potrebbe ipotizzare. In molti casi un tale calcolo necessita di un tempo d'analisi molto lungo, richiede di tenere a mente tutte le possibili conseguenze di ogni nostra possibile scelta, risultando quindi decisamente poco adattivo. Viceversa, spesso la decisione deve essere presa in tempi molto brevi. Serve quindi un meccanismo più rapido, automatico, *embodied*. Riprendendo un esempio dello stesso Damasio, immaginate di dover scegliere se stipulare un affare lavorativamente conveniente con un cliente che, tuttavia, è acerrimo nemico del vostro più caro amico. Il cervello reagisce a una tale situazione creando una serrata sequenza di scenari diversi, una giustapposizione di immagini che si presentano alla mente: il possibile guadagno, l'auto nuova, il vostro amico che vi scopre con il cliente, i vostri goffi tentativi di giustificazione. Nel momento in cui ognuno dei possibili scenari viene alla mente, viene contrassegnato da marcatori somatici, ovvero da stimoli di natura somatica o viscerale, quali minime modifiche nel tono muscolare, nella frequenza cardiaca o nei cicli respiratori, nella sudorazione o nel rilascio di ormoni nel sangue, o finanche impercettibili variazioni nella postura o nell'espressione facciale, che automaticamente inducono uno stato di tipo emozionale associato a ognuno dei possibili scenari, ridirezionando l'attenzione verso le opzioni di scelta più vantaggiose e quindi influenzando pesantemente il processo decisionale. O, meglio ancora, facendone parte integrante. La sensazione alla bocca dello stomaco che sentite nel momento in cui vi immaginate di arrampicarvi sugli specchi per giustificare la situazione agli occhi del vostro amico vi potrebbe indurre a desistere dall'affare. O viceversa, l'enfasi del guadagno potrebbe portarvi a comportarvi in senso opposto, poiché per un rapido istante vi siete visti sfrecciare sulla vostra nuova decappottabile, e questo vi ha fatto sentire bene. I marcatori somatici, sempre secondo Damasio, vengono acquisiti con l'esperienza, ma sono soggetti a vincoli endogeni nonché a influenze sociali e culturali, e ci aiutano nelle scelte relative alla condotta personale come una sorta di saggezza derivata dal corpo. Quello che ha perso Phineas Gage, con la sua lesione prefrontale, è stata la capacità di ascoltare questa saggezza del corpo, e ciò ha avuto come conseguenza l'incapacità di compiere scelte opportune in ambito sociale e professionale. Al di là del caso romanzato di Phineas Gage, l'ipotesi del marcatore somatico è in realtà basata su una serie di studi clinici relativi a pazienti con lesioni della corteccia prefrontale ventromediale, che include la corteccia orbitofrontale, i quali in condizioni di laboratorio ben controllate mostrano appunto un'incapacità ad adattarsi a situazioni che richiedono scelte estemporanee, e contemporaneamente una diminuzione dei segnali somatici (un indicatore tipicamente impiegato in questi studi è ad esempio la GSR, o *Galvanic Skin Response*, ovvero una risposta cutanea data dall'aumento di sudorazione, e quindi sotto il controllo del sistema nervoso autonomo). La corteccia prefrontale ventromediale rappresenta una regione ideale per ospitare un tale meccanismo poiché riceve, tramite le connessioni con aree sensoriali ed enterocettive, una varietà di informazioni sulla situazione ambientale e sulla condizione fisiologica del corpo, nonché segnali relativi alla conoscenza fattuale e agli avvenimenti passati.

Inoltre la corteccia prefrontale ventromediale ha uscite sugli effettori del sistema nervoso autonomo. Tutto ciò non darebbe luogo, ovviamente, a un processo cosciente: noi sentiremmo piuttosto l'*intuizione* di non fare l'affare col cliente controverso, nulla di più. Nessun calcolo freddo. Nessuna vera stima dei pro e contro i quali, anche se venissero esplicitati, non giocherebbero tuttavia alcun ruolo causale. Ci sono poi dei casi eclatanti, come il caso de ll'«uomo che prendeva a prestito le auto», descritto da Cohen e colleghi nel 1999: un uomo di mezz'età, sposato e con una figlia, e che da dieci anni lavorava come test-driver nella stessa azienda. Successivamente a un'emorragia subaracnoidea, dovuta a un aneurisma dell'arteria comunicante anteriore, comincia a «prendere in prestito» le auto sul luogo di lavoro e le abbandona presso casa. Pur consapevole dell'illegalità del furto, la sua carriera arriva a contare più di cento «prestiti» e una dozzina di arresti. Dopo l'ennesima scarcerazione, però, viene sottoposto a una serie di test neuropsicologici per valutare linguaggio, attenzione, memoria, coordinazione motoria e processi visuospaziali – tutti a posto – nonché a una TAC che invece mostra una grossa lesione della regione orbitofrontale, che come abbiamo detto è parte della corteccia prefrontale ventromediale discussa da Damasio. E altri casi più inquietanti ancora, che hanno posto dei veri e propri quesiti etici, come il caso del quarantenne descritto da Burns e colleghi nel marzo del 2003. In questo caso, nel solo anno 2000 il protagonista raccoglie materiale pedopornografico, inizia a frequentare assiduamente prostitute e fa pure avance alla figliastra, all'epoca minorenne. Benché ritenga che la cosa sia inaccettabile, tuttavia sostiene di essere sovrastato dal principio di piacere. Una volta accusato, viene affidato a un programma di riabilitazione, dal quale però viene espulso perché sorpreso a fare avance anche al personale dello staff, nonché ad altri clienti del centro. La sera prima della commutazione della sentenza al carcere, lamenta mal di testa e viene affidato a un neurologo che richiede, tra le altre cose, una risonanza magnetica. E il mistero ancora una volta si svela con le neuroimmagini, le quali mostrano una massa tumorale in regione orbitofrontale, che viene rimossa chirurgicamente. In sette mesi porta a termine il programma riabilitativo, e gli viene concesso di tornare a casa, non essendo più considerato una minaccia per la figliastra. Fino all'ottobre 2001, però, quando con il mal di testa ritorna il collezionismo pornografico: risonanza, recidiva, e nuovo intervento nel febbraio del 2002. Ma ci sono poi casi più allegri. Ad esempio, se guardate per cinque minuti uno spezzone del *Saturday Night Live*, poi siete più propensi a buttare l'uomo grasso giù dal cavalcavia. Che significa? Ogni cosa a suo tempo.

4. *I dilemmi morali e le emozioni*

Secondo una prospettiva filosofica riconducibile al razionalismo kantiano, il giudizio morale si fonda su processi cognitivi astratti e formali, irriducibili al sentimento. Una prospettiva alternativa è stata invece sostenuta dai sentimentalisti britannici, da Shaftesbury a Hutcheson, da Adam Smith a David Hume, secondo i quali i giudizi morali sono invece guidati dalle emozioni e dalla simpatia, ovvero dalla condivisione di felicità e infelicità tra noi e i nostri simili. Oggi tra gli scienziati cognitivi il dibattito è più vivo che mai, soprattutto perché l'ipotesi sentimentalista sembra essere riconducibile al tema delle emozioni in salsa *embodied*. Secondo lo psicologo Jonathan Haidt le emozioni morali sono distinte dalle emozioni vere e proprie: mentre le seconde sono rilevanti solo ai fini del benessere e la salvaguardia della persona che le prova, le prime riguardano piuttosto il benessere di una società di individui, o comunque di persone diverse dal soggetto stesso. Ma, in accordo con i sentimentalisti inglesi, il comportamento morale sarebbe comunque dipendente da disposizioni emozionali spontanee e implicite. Anzi, la spiegazione razionale del nostro giudizio morale verrebbe dopo, e talvolta con il solo scopo di giustificare a posteriori la scelta fatta (su base emozionale), come una sorta di illusione o di confabulazione *post hoc*. Se ad esempio, dice Haidt, raccontate la storia di un fratello e una sorella che, per una sola volta nella vita, in campeggio, di comune accordo, e senza nessuno strascico psicologico, decidono di fare sesso insieme, quand'anche sottolineaste che il rapporto fu protetto e che entrambi furono felici di quell'unica esperienza, che anzi li legò ancora di più, moltissime persone prontamente disapproverebbero la cosa, salvo poi non saperne giustificare il motivo su base razionale. Il motivo, appunto, sarebbe dato dal fatto che il giudizio morale sarebbe primariamente guidato da un automatico sentimento di disapprovazione che però, in un caso come quello descritto, non troverebbe facile sostegno dalla ragione – visto che la maggior parte delle potenziali controindicazioni sono messe a tacere dalle specifiche del racconto. Il neuroscienziato e filosofo Joshua Greene sostiene che, benché il giudizio morale ci appaia come un processo unitario a livello funzionale, esso è piuttosto frutto di meccanismi neurofisiologici e psicologici differenti, che includono tanto la ragione quanto l'emozione. Risolvere dilemmi morali recluterebbe infatti, da un lato, i sistemi razionali e cognitivamente freddi, primariamente implementati dalla corteccia prefrontale dorsolaterale, e dall'altro lato i sistemi socioemozionali, che coinvolgono aree quali la corteccia prefrontale ventromediale, l'insula e il cingolo. I primi guidano giudizi consequenzialisti e utilitaristi, che talvolta possono contemplare anche la violazione della persona, mentre i secondi supportano principi deontologici di equità, correttezza e onestà, e promuovono il comportamento prosociale – ad esempio, inducendoci a rifiutare di contribuire alla morte di un innocente, senza se e senza ma, indipendentemente dalle circostanze. Giudizi utilitaristi e giudizi deontologici sono quindi l'output del bilancio tra questi due sistemi. Facciamo qualche esempio concreto. Il celebre dilemma del *trolley*, spesso impiegato come dilemma standard per valutare i giudizi morali, consiste nel chiedere se si è propensi a giustificare l'azione di deragliare un vagone in corsa verso cinque ignari operai, direzionando tramite una leva il vagone verso un binario sul quale sta una sola persona. La maggior parte delle persone ritiene legittima l'operazione anche se ciò implica il provocare la morte di un innocente, seppur indirettamente. In una sua variante, nota come il dilemma del *footbridge*, ci troviamo sopra un ponte sotto il quale passa la ferrovia. Il vagone è ancora in corsa verso i cinque innocenti e l'unico modo per fermarlo è spingere giù dal ponte l'uomo grasso che sta sul ponte accanto a noi. Cadendo sui binari morirebbe, ma fermerebbe la corsa del vagone, risparmiando ancora cinque vite. Sebbene il bilancio finale sia lo stesso del dilemma precedente (ovvero contribuire alla morte di una persona per salvarne cinque), l'intuizione generale è che il secondo caso sia difficilmente giustificabile. Greene sostiene che i giudizi morali di tipo personale, ovvero quelli che implicano la sofferenza di un individuo ben identificato e visualizzato, da noi causata intenzionalmente, sono in effetti largamente guidati da riposte socioemozionali. Evidentemente, il dilemma del *footbridge* cade in questa categoria, mentre quello del *trolley* no. Come previsto dall'ipotesi del marcatore somatico, ad esempio, possiamo immaginare che durante il dilemma del *footbridge* la nostra mente sia attraversata da una rapida sequenza di immagini quali l'innocente che cade, il suo urlo disperato, lo sguardo terrorizzato che ci fissa mentre precipita, il corpo devastato dalla caduta, e che tutto questo ci induca l'*intuizione* che gettare l'uomo dal ponte sia moralmente sbagliato. Ma cosa succederebbe allora se riuscissimo a potenziare il sistema emozionale in senso positivo, rendendolo impermeabile all'influenza di queste immagini negative, e che normalmente ci indurrebbero a non gettare l'uomo grasso dal ponte? Aumenterebbero forse i giudizi consequenzialisti, a scapito di quelli deontologici? Ebbene sì. Valdesolo e DeSteno, della Northeastern University, hanno chiesto a un gruppo di 79 partecipanti di osservare, per cinque minuti, un po' di TV. Mentre parte del gruppo si annoiava davanti a un documentario su un paesino spagnolo, l'altra metà dei partecipanti si divertiva davanti a uno spezzone del *Saturday Night Live*, il varietà comico della NBC. Alla fine della sessione televisiva, è stato chiesto di rispondere ai dilemmi del *trolley* e del *footbridge*. La risposta al dilemma del *trolley*, che non richiede alcun tipo di violazione diretta della persona, non è stata influenzata da nessuna delle sessioni televisive, e tutti e due i gruppi hanno sostenuto che era legittimo deragliare il treno verso il binario con una sola persona, in linea con i dati dei soggetti di controllo. Viceversa, nel caso del dilemma del *footbridge*, in cui – ricordiamo – si valuta la legittimità morale del gettare una persona giù dal ponte per salvarne altre, il gruppo sottoposto al *Saturday Night Live* ha modificato sensibilmente la propria risposta, sostenendo la legittimità dell'atto e spostando dunque il giudizio morale in senso utilitarista.

5. *L'enterocezione, il senso del corpo e l'azione*

Tutta l'impalcatura su cui si basano i paragrafi precedenti si fonda sull'idea che, per dirla con lo stesso Damasio, l'esperienza emozionale dipenda dall'esistenza di mappe neurali del nostro corpo, poiché il corpo nella sua interezza è la «cosa-processo» che è simbolizzata come *mental self.* In questi passaggi, con ogni probabilità Damasio sta pensando ai lavori di un altro influente neuroscienziato neojamesiano, Bud Craig, relativi alla funzione dell'insula di Reil, una vasta struttura corticale descritta per la prima volta nel 1796 dal tedesco Johann Christian Reil, anatomista, fisiologo e, tra le altre cose, anche urologo di Goethe. Buona parte del dibattito sulle emozioni, oggi, gioca la sua partita proprio sul ruolo attribuito a quest'area. L'insula è uno strano rebus da risolvere, una regione implicata in un'ampia varietà di funzioni difficilmente conciliabili tra loro che includono la rappresentazione gustativa, la percezione del disgusto, il controllo visceromotorio, dolore, termocezione, sensazioni tattili, riconoscimento delle emozioni altrui, processi di decisione, dipendenza da sostanze, nonché una lunga serie di disturbi psicologici quali l'anoressia, la fobia sociale, le nevrosi, e chi più ne ha, più ne metta. La proposta di Bud Craig è che tutte queste informazioni vengano processate nell'insula perché questa regione rappresenta una speciale corteccia sensoriale che mappa gli stati corporei; poiché, come abbiamo detto, la percezione e rilettura degli stati corporei è considerata dai neojamesiani la base dell'esperienza soggettiva dell'emozione, dunque l'insula sarebbe una sorta di magazzino naturale di tali stati: la porzione posteriore riceverebbe tutte queste informazioni grezze, e funzionerebbe come una vera e propria corteccia enterocettiva primaria. Tali informazioni sarebbero poi trasferite dall'insula posteriore all'insula anteriore, in cui secondo Craig si giocherebbe una «rappresentazione di secondo ordine» degli stati corporei.

Secondo un quadro classico, parallelamente a, e indipendentemente da, centri cerebrali adibiti alla consapevolezza emozionale, altre aree cerebrali sarebbero implicate esclusivamente nella produzione di risposte ed espressioni emozionali. Come abbiamo visto, infatti, stando a una lunga tradizione psicologica la produzione delle espressioni facciali dipenderebbe dall'attivazione di programmi affettivi, i quali corrisponderebbero a programmi motori universali e panculturali, ma attivati da contesti e situazioni che variano da cultura a cultura. L'espressione delle emozioni sarebbe quindi indipendente dall'emozione stessa. In ambito neuroscientifico, questa tesi è stata avvalorata nel tempo da evidenze neurologiche di condizioni patologiche in cui i pazienti esprimevano emozioni, tipicamente esplosioni di riso o pianto incontrollato, senza provare alcuna emozione. Una delle aree considerate coinvolte nella produzione della mera espressione, al netto di emozioni, è il cingolo anteriore (ACC, *Anterior Cingulate Cortex*). Nell'anno 2006 Sperli e colleghi descrissero infatti il caso di un paziente con epilessia farmacoresistente la cui stimolazione elettrica di ACC, eseguita durante i test di mappaggio prechirurgico, evocò riso ma senza alcuna esperienza emozionale di gioia. Poiché alcune crisi gelastiche, ovvero crisi epilettiche che si manifestano con esplosioni immotivate di riso, sono attribuite alle regioni frontali che includono il cingolo anteriore, e poiché quest'area contiene una rappresentazione della muscolatura facciale superiore, si giunse a dire che ACC fosse implicato nella produzione motoria di espressioni emozionali, ma non nell'esperienza emozionale. Rispetto all'insula, dunque, l'altra faccia della medaglia emozionale.

Non vi è alcun dubbio che postulare l'esistenza di un centro adibito alla rilettura delle rappresentazioni corporee di secondo ordine nell'insula, come fa Craig, o in qualunque altra area cerebrale, reintroduca in neuroscienze il problema dell'*homunculus*: un'operazione del genere non aiuta a naturalizzare la consapevolezza emozionale, ma solo a dare una casa più piccola e localizzata all'*homun-*

culus. Prevede infatti un sotto-agente cerebrale addetto all'interpretazione e all'attribuzione di significato a un segnale sensoriale. Una tale spiegazione sensoriale dell'esperienza emozionale sembra nascondere quindi un approccio tutt'altro che *embodied* al problema dell'esperienza emozionale soggettiva, essendo l'interpretazione dell'input sensoriale assegnata a un misterioso «occhio della mente», accidentalmente situato nell'insula, ma in realtà svincolato dal corpo del soggetto. Potremmo dire che in questo modo l'insula, o qualunque altra regione cerebrale, diventa una sorta di nuova ghiandola pineale, funzionale a spiegare l'inspiegabile. Una strategia per uscire da quest'impasse è quella di rompere, ancora una volta, le barriere tra percezione e azione.

6. *Una teoria motoria delle emozioni. Oltre la distinzione espressione/esperienza*

I presupposti per una teoria motoria delle emozioni basata sulla continuità tra esperienza emozionale ed espressione delle emozioni possono essere rintracciati nel pensiero di diversi filosofi del passato. Sul finire del XIX secolo, in una coppia di articoli chiamati *The theory of emotion*, il filosofo pragmatista John Dewey riformulò la teoria di Darwin e quella, speculare, di William James, concludendone che l'espressione dell'emozione non è né la conseguenza di un'emozione, come voleva Darwin[5], né la sua causa, come sostenuto da James. Secondo Dewey le emozioni sono qualità dell'interazione con l'ambiente naturale e sociale in cui il soggetto si trova. Le emozioni sono sempre dirette verso caratteristiche dell'ambiente, cioè hanno sempre un loro oggetto. Più in particolare, Dewey considera le emozioni come quella qualità che consegue la scoperta che un abito di comportamento, inteso come risposta pressoché implicita a certe sfide ambientali, improvvisamente diviene inadeguato e richiede una soluzione. La differenza fondamentale che intercorre tra incontrare un orso allo zoo mentre ci gustiamo un gelato coi figli, o incontrarlo da soli in un bosco mentre siamo a caccia di beccacce nella nebbia di novembre, non sta nell'oggetto davanti a noi. Sta invece nella serie di azioni che il secondo caso, e non il primo, mette immediatamente in atto. Quando, scoperto l'orso di fronte a noi nel bosco, sentiamo un brivido freddo lungo la schiena, le nostre pupille si dilatano a causa della risposta del sistema nervoso simpatico, aumentiamo i cicli respiratori e l'afflusso di sangue agli arti, questa serie di risposte (funzionali a preparare un'azione di fuga) per noi non costituiscono «l'espressione» della paura – cioè la manifestazione di qualcosa che sta dentro di noi – ma sono la paura stessa. Infatti, ci dice il filosofo americano, se è vero che le mie espressioni di paura sono segni che indicano qualcosa *agli occhi di un osservatore esterno*, tuttavia non lo sono *per me*: per me sono parte integrante della mia paura e considerarli come espressioni di qualcosa significa compiere una fallacia psicologica, ovvero confondere il punto di vista dell'osservatore con quello del fatto osservato. Il termine *espressione* è fuorviante perché automaticamente ci induce a pensare che ci sia qualcosa che viene espresso, ovvero qualcosa di più profondo del comportamento osservabile, e tanto Darwin quanto James sono caduti nella trappola di considerare espressione ed esperienza emozionale come due entità separate. Viceversa, l'emozione è qualcosa che emerge dall'intreccio inestricabile delle interazioni dinamiche tra componenti sensoriali e componenti motorie. L'idea che ci sia un salto logico ingiustificato nel supporre che l'espressione delle emozioni sia l'effetto di qualcosa di profondo e inosservabile è stata evidenziata anche da altri pensatori, appartenenti a tradizioni filosofiche differenti. Nella *Fenomenologia della percezione* Merleau-Ponty sostiene esplicitamente che esiste una compenetrazione «fra il gesto e il suo senso, per esempio fra l'espressione delle emozioni e le emozioni stesse: il sorriso, il volto disteso, l'allegria dei gesti contengono realmente il ritmo d'azione, il modo d'essere al mondo, che sono la gioia stessa»[6]. Secondo il filosofo tedesco Helmuth Plessner un'importante prova della compenetrazione tra espressione ed emozione si mostra

> nell'impossibilità di sostituire e separare i movimenti espressivi dai contenuti espressivi. [...] Particolari movimenti dell'espres-

sione mimica [...] appaiono insostituibili, fusi con l'intenzione (il contenuto significativo) e inseparabili dall'unità dell'insieme espressivo. Non abbiamo alcun mezzo per decidere se l'immagine espressiva rappresenta, ad esempio, la forma della forza d'urto «conforme» al contenuto dell'ira oppure no: giacché conosciamo l'ira solo secondo questo accesso [...]. Non sappiamo cioè quanto profondamente le vie e le superfici espressive fisicamente disponibili del volto, la figura e la disposizione delle estremità determinino la configurazione interna degli impulsi psichici[7].

Mentre infatti possiamo, ad esempio, invertire il senso delle parole del nostro linguaggio, intendendo «cane» ogni volta che diciamo «gatto», viceversa una simile operazione di scollamento dell'espressione dal suo senso non è praticabile nell'ambito dell'espressione emozionale. Il filosofo del linguaggio Gilbert Ryle giunge a conclusioni simili attraverso un'analisi differente. Secondo Ryle un'analisi disattenta del nostro linguaggio ordinario può indurci a formulare falsi problemi scientifici, e il caso del linguaggio relativo alle emozioni non fa eccezione. Il linguaggio – pensiamo all'espressione «ride *perché* è contento» – ci induce erroneamente a pensare che il comportamento manifesto debba essere concepito come l'effetto meccanico *causato* da un evento interno, ovvero un'interpretazione causale che sarebbe corretta in contesti differenti. Ma l'idea che le emozioni si collochino allo stesso livello esplicativo dell'espressione delle emozioni, cioè che siano le une la causa occulta delle altre, è un mito parameccanico ereditato dalla vecchia filosofia cartesiana, e rinforzato da una cattiva analisi del linguaggio. Le emozioni non sono le *cause* delle nostre espressioni e comportamenti, quanto piuttosto le *spiegazioni* di quei comportamenti. D'altra parte, sostenere una teoria motoria delle emozioni, secondo la quale esiste una compenetrazione profonda – sia al livello fenomenologico che, come vedremo, a quello neurale – tra espressione ed emozione, non significa sostenere che le emozioni siano riducibili ai loro effetti comportamentali. Questo corrisponderebbe a una forma di comportamentismo, che senz'altro non è in discussione qui. Mentre infatti il comportamentismo svaluta il ruolo dell'interiorità, gli approcci che abbiamo visto sopra offrono piuttosto l'opportunità di valorizzare il ruolo dell'interiorità all'interno di un contesto naturalistico di superamento della tradizionale cesura tra mente e corpo.

7. *Le basi neurali dell'espressione delle emozioni*

Le osservazioni citate poco sopra sembrano offrire una visione alternativa allo studio scientifico delle emozioni. Se infatti l'emozione è qualcosa che emerge dall'intreccio inestricabile delle interazioni dinamiche tra componenti sensoriali e componenti motorie, come abbiamo detto, allora è possibile che il tentativo ostinato di ricostruire il cervello emozionale mediante un'architettura a compartimenti stagni, costituita da centri adibiti alla consapevolezza emozionale, da un lato, e centri adibiti alla risposta espressiva, dall'altro, sia destinata a fallire. Il neuroscienziato Jaak Panksepp rifiuta l'idea che l'emozione sia data da una rilettura che avviene da qualche parte nella neocorteccia, la parte evolutivamente recente del cervello, replicando che le emozioni emergono dall'attività dei centri d'azione sottocorticali che condividiamo con gli altri animali: «sono i sistemi emotivi d'azione nel cervello, invece che le azioni emotive del corpo periferico, a veicolare le esperienze affettive»[8]. In effetti, tutti i neojamesiani prima o poi finiscono per dire che una qualche area evolutivamente recente del cervello ha il compito di leggere gli stati corporei ritrasmessi dalle strutture sottocorticali, e che è solo allora che le emozioni diventano veri e propri sentimenti, ovvero vita emotiva. Damasio e Craig, come abbiamo visto, ne sono un esempio. Vi sono invece molte prove del fatto che le strutture sottocorticali siano sufficienti a evocare stati affettivi. Sin dagli anni '40 gli studi classici di Walter Hess, fisiologo e premio Nobel per la medicina nel 1949, dimostrarono che la stimolazione elettrica dell'ipotalamo può evocare differenti risposte emozionali, ed è noto che l'epilessia di questa regione può dar luogo a crisi gelastiche, ovvero crisi di riso incontrollato. E una varietà di altre risposte emozionali può essere evocata attivando diversi altri circuiti sottocorticali, ad esempio mediante la stimolazione elettrica o quella farmacologica. Conseguentemente, secondo Panksepp le funzioni motorie del cervello possono costituire esse stesse i sentimenti emotivi, valicando così la classica dicotomia tra esperienza ed espressione delle emozioni. Si consideri la seguente affermazione, che merita di essere citata per esteso:

> I sentimenti emozionali riflettono in larga parte le attività cerebrali che controllano le spontanee tendenze d'azione emozionali. Sebbene il sistema motorio sia stato tipicamente concettualizzato come un sistema di output inconsci, questa visione sottovaluta il ruolo dei sistemi d'azione, imposti dall'evoluzione, che generano i comportamenti emozionali; vi sono molteplici dati che suggeriscono che l'attivazione di questi sistemi evoca particolari tipi di sentimenti [...]. Anche se questa prospettiva non dimentica la possibilità che diversi input sensoriali e percettivi regolino l'intensità di queste dinamiche, tuttavia essa pone l'homunculus motorio – e non l'*homunculus* sensoriale – al centro della vita emozionale. Questo spostamento di enfasi [...] può aiutare a risolvere una lunga serie di irrisolti grattacapi filosofici[9].

Sebbene secondo questa prospettiva le emozioni sarebbero riconducibili all'azione delle strutture sottocorticali, che come abbiamo detto corrispondono alle strutture arcaiche del nostro cervello, è possibile estendere queste considerazioni anche alle aree più evolute: per esempio, all'insula (considerata coinvolta durante la percezione delle emozioni) o al cingolo (considerato coinvolto durante la produzione di risposte emozionali). Studi classici di stimolazione elettrica sulla scimmia, rari e un po' datati, avevano evidenziato come alcune risposte motorie e vegetative potessero essere evocate dalla stimolazione delle varie parti dell'insula. In anni recenti, una serie di studi di stimolazione elettrica condotti da Caruana, Jezzini, Gallese e Rizzolatti ha puntato a modernizzare lo studio dell'insula cercando di ovviare ai limiti tecnici degli studi classici, con l'intento di gettare un ponte tra quegli studi classici e le recenti scoperte dei neuroscienziati cognitivi sul ruolo dell'insula nelle emozioni. Quello che emerge è che due differenti parti dell'insula sono implicate nella produzione di risposte comunicative di natura emozionale. La stimolazione delle porzioni più anteriori dell'insula ventrale evoca comportamenti complessi di disgusto, quali l'espressione facciale tipica di questa emozione, e una diminuzione della frequenza cardiaca, in linea con l'idea secondo la quale il disgusto è tipicamente associato a un'attivazione del sistema nervoso parasimpatico. Curiosamente, infatti, il disgusto è l'unica emozione negativa associata a una diminuzione, anziché a un aumento, della frequenza cardiaca. Questa regione tuttavia non è solo implicata nella produzione motoria dell'espressione facciale, tant'è che se la stimolazione avviene mentre il cibo è in bocca, o in mano, oltre alla smorfia facciale si può osservare un vero e proprio rifiuto del cibo: il soggetto realmente sputa o scaglia via il cibo disgustato. Questa continuità tra la risposta motoria del disgusto e il comportamento complesso di rifiuto del cibo ben si confà al dato per cui anomalie dell'insula portano a disturbi dell'alimentazione quali l'anoressia o la bulimia. La stimolazione delle porzioni più posteriori dell'insula ventrale mostra una risposta ancora più interessante. Se la stimolazione avviene mentre il soggetto ha gli occhi chiusi, o se nessuno è posto di fronte al soggetto durante la stimolazione, allora questa risulta inefficace: nessun effetto. Ma se la stessa stimolazione viene praticata mentre il soggetto fissa qualcuno, improvvisamente questa lo induce a produrre verso il soggetto target un *lip-smacking*, cioè un gesto comunicativo affiliativo che consiste nello sbattere rapidamente le labbra fissando l'interlocutore. Evidentemente, la concomitanza tra l'attività dell'insula (potenziata dalla stimolazione elettrica) e un determinato contesto sociale (il contatto visivo con un altro individuo) è necessaria per indurre la risposta comunicativa ed emozionale. Il contatto visivo è un elemento di primaria importanza nelle interazioni sociali, anche perché tipicamente indica l'intenzione di iniziare interazioni comunicative. Normalmente è sufficiente stabilire un contatto visivo con qualcuno per scatenare una serie di attivazioni fisiologiche, ed è stato dimostrato che in genere uno sguardo diretto viene riconosciuto molto più rapidamente di uno sguardo non diretto, garantendo inoltre un maggior accesso alla memoria semantica. La risposta evocata dalla stimolazione elettrica dell'insula durante contatto visivo è talmente irresistibile da far sì che un'espressione di minaccia, spontaneamente prodotta verso lo sperimentatore, possa essere immediatamente tramutata in una risposta affiliativa, quindi di valenza opposta, dalla stimolazione – per essere poi ripristinata non appena la stimolazione terminava. Come nel caso dell'espressione di disgusto, inoltre, anche durante la risposta affiliativa la frequenza cardiaca subisce una decelerazione, in linea con gli studi comportamentali che sostengono che le attività affiliative sono tipicamente associate a una cardio-decelerazione. In conclusione, alla luce dei dati di stimolazione, l'insula sembra integrare informazioni contestuali e sociali (la presenza di cibo o di un altro individuo), stati somatici ed enterocettivi, e risposte motorie socioemozionali. La tesi per cui l'insula si limiti ad avere solo un ruolo puramente valutativo – e non piuttosto anche produttivo – risulta essere quindi controversa. Si fa forte invece l'ipotesi per cui sia difficile tracciare una distinzione netta tra aree cerebrali implicate nell'esperienza emozionale e aree coinvolte nella risposta motoria[10] – ipotesi che ben risuona con l'altra tendenza emergente in scienze cognitive, rivolta ad abbandonare la distinzione tra aree emozionali e aree cognitive – come suggerito del neuroscienziato Luiz Pessoa nel suo recente *The Cognitive-Emotional Brain. From Interactions to Integration*.

Anche le aree cerebrali che le neuroscienze classiche hanno considerato come puramente implicate nella produzione motoria dell'espressione emozionale, l'altra faccia della medaglia emozionale, sembrano sfuggire a questa descrizione dicotomica. Abbiamo visto come l'area del cingolo anteriore sia stata concepita come un'area coinvolta nella produzione della componente espressiva del riso, senza per questo essere coinvolta nell'esperienza emozionale di gioia. Ancora una volta, tuttavia, alcune cose non sembrano tornare. Diversi studi di neuroimmagini hanno infatti evidenziato che questa regione si attiva quando osserviamo espressioni facciali positive, quando ascoltiamo qualcuno ridere, e anche quando siamo divertiti dalla lettura di vignette umoristiche. Ma la stessa regione è attiva durante gli effetti analgesici dovuti a oppioidi, in linea con l'evidenza che quest'area contiene un alto numero di recettori agli oppioidi, ma anche durante effetto placebo, o quando si è accarezzati – suggerendo che quest'area sia implicata in una vasta serie di eventi a valenza positiva, e non solo nella fredda produzione facciale della risata. Infine, la lesione del cingolo anteriore della scimmia è accompagnata da un decremento nelle interazioni sociali e nelle vocalizzazioni, mentre la stimolazione elettrica produce risposte vegetative simili a quelle che si hanno durante certe emozioni, quali la modulazione di pressione sanguigna, frequenza cardiaca, dilatazione delle pupille e piloerezione, cosa che tra l'altro era già stata osservata a seguito della stimolazione dell'insula. Uno studio condotto da Fausto Caruana relativo a casi di stimolazione elettrica eseguita di routine presso il Centro di chirurgia dell'epilessia dell'ospedale Niguarda di Milano, uno dei punti di riferimento europei in questo settore, ha permesso di aumentare sensibilmente la casistica relativa all'effetto della stimolazione elettrica del cingolo nell'uomo, riportando una decina di casi di risata indotta elettricamente. Dallo studio è emerso infatti che in circa la metà dei pazienti in cui la stimolazione di ACC evocava riso, questo veniva accompagnato anche da uno stato emozionale positivo, pur non motivato da ricordi o da altre simili ragioni. Viceversa, nell'altra metà dei pazienti il riso non era accompagnato da esplosioni di gioia, ma purtuttavia da sensazioni diffuse allo stomaco, alla gola o a tutto il corpo – quindi: non solo espressione facciale. Il fatto che la stimolazione di ACC evochi un riso già intrinsecamente carico degli aspetti esperienziali e somatici associati a questa espressione, suggerisce ancora una volta la necessità di superare la dicotomia tra espressione ed emozione, indicando come il riso sia intrinsecamente legato tanto alla sua dimensione emozionale, quanto alla sua natura di gesto sociale. Una ricerca recente condotta da Stefano Meletti su bambini affetti da narcolessia, un disturbo neuropsichiatrico caratterizzato da ipersonnia e da cataplessia, cioè la perdita di tono muscolare indotta da riso e altre emozioni, ha svelato che gli episodi di cataplessia indotta da riso mostrano l'iperattività di un circuito che include ACC, l'insula anteriore, l'amigdala. Una serie di aree che – parallelamente – Jezzini, Rozzi, Gerbella, Caruana e colleghi hanno mostrato essere fortemente interconnesse, confermando ulteriormente come lo stesso network sia implicato tanto nella risposta espressiva quanto nella modifica dello stato interno.

8. *Il riso e la gioia*

Lo studio del riso ha appassionato e incuriosito da sempre, e pagine memorabili sono state scritte su questo tema dagli scrittori di romanzi. Si pensi ad esempio al *Il nome della rosa*, in cui l'ex bibliotecario del monastero Jorge da Burgos condanna il riso avversando la diffusione della *Poetica* di Aristotele per paura che il libro possa trasformare il riso, volgare espressione di sollazzo per il popolo, a oggetto di filosofia e arte, arrivando infine a «insegnare che liberarsi della paura del diavolo è sapienza». Infatti, secondo l'ex bibliotecario del romanzo, il riso permette all'uomo di affrancarsi da ogni paura laddove, secondo la sua logica oscurantista, l'uomo deve invece vivere nella paura di Dio e della morte. In realtà il riso è un'espressione sociale molto complessa, utilizzata in contesti molto differenti che non sempre implicano uno stato di felicità o di abbandono, ma che sempre implicano un contesto sociale. La dimensione sociale e comunicativa del riso, che poco o nulla ha a che fare con l'espressione di gioia, è stata individuata e ben descritta per la prima volta dal filosofo Henri Bergson. Sebbene molti filosofi prima di Bergson si siano occupati del riso e del comico, da Platone ad Aristotele, da Kant a Hobbes, da Schopenhauer a Nietzsche, la maggior parte di loro ha in realtà concentrato l'attenzione sulle cause del riso, formulando di fatto teorie sul comico che poco avevano a che fare con lo studio del riso. Viceversa Bergson ha centrato per primo un punto cruciale: il riso richiede sempre una dimensione sociale. Tutto ciò che è comico è sempre riferito all'uomo e, in effetti, tutto ciò che ci fa ridere tipicamente scaturisce da altri individui: non ridiamo mai di qualcosa che accade a un oggetto, mentre tipicamente ridiamo perché è successo qualcosa a qualcuno, o perché qualcuno si è comportato in un certo modo, o ha detto qualcosa. Inoltre, nell'apprezzamento del comico, un individuo è sempre in contatto con altre intelligenze, e non ci sarebbe comicità se fossimo isolati. Secondo Bergson, inoltre, non solo il riso richiede una dimensione sociale, ma inoltre ha una *funzione* sociale: il riso è una forma di punizione che la società pratica per punire chi non è all'altezza della società stessa. Ridiamo della goffaggine e dell'inadeguatezza di qualcuno, del suo agire meccanico e artificiale, o impacciato, o comunque non funzionale. Infatti, con le parole del filosofo francese,

> ogni rigidità del carattere, dello spirito ed anche del corpo sarà dunque sospetta alla società, perché essa è il segno possibile di un'attività che si addormenta ed anche di un'attività che si isola, che tende a scostarsi dal centro comune intorno a cui essa società gravita, di una eccentricità, infine. [...] questa rigidità è il comico, ed il riso ne è il suo castigo. [...] Il riso deve essere [...] una specie di gesto sociale[11].

Il riso, quindi, sarebbe al contempo un'esperienza emozionale ma anche un gesto sociale con funzioni ben determinate. Sebbene la teoria di Bergson sia strettamente vincolata alla sua concezione dinamica del vivente, che non è nostra intenzione trattare qui (benché diversi aspetti di questa filosofia siano estremamente vicini a quelli affrontati in questo libro), l'intuizione per cui emozione, espressione emozionale e dimensione sociale siano tutti aspetti intrinsecamente costitutivi del riso è stata presa molto sul serio anche dagli psicologi. Ancora oggi si contano due principali spiegazioni psicologiche del riso: una ritiene che il riso segni la fine di una fase di tensione, mentre l'altra ne sottolinea la valenza sociale. Secondo la prima teoria ridiamo quando termina improvvisamente un periodo di tensione, ovvero un periodo di vigilanza e di preparazione. Quando una difficoltà viene improvvisamente risolta, o l'evento atteso si rivela innocuo e non richiede dunque ulteriori tensioni, ridiamo. Questa teoria, che ha come nonno la teoria del motto di spirito di Freud, e come bisnonno la teoria della comicità di Schopenhauer, non dà un gran peso alla funzione sociale e considera infatti il riso come qualcosa di molto diverso dal sorriso. L'altra teoria invece ritiene il riso, come il sorriso, una forma di risposta sociale. Secondo lo psicologo Robert Provine, contrariamente a quello che si pensa generalmente, non ridiamo quando siamo contenti: il riso di felicità rappresenta solo una minima parte delle nostre risate quotidiane. Viceversa, la maggior parte delle risate che produciamo ogni giorno avvengono in contesti comunicativi, e in particolare a seguito di frasi che noi stessi pronunciamo. Inoltre, il riso segue regole sociali ben precise, e la frequenza del riso prodotto in conversazione dipende in maniera molto rigida dal sesso degli interlocutori, nonché dalla loro gerarchia sociale. Il riso è un'espressione quotidiana che normalmente utilizziamo quando siamo in gruppo: la risata si amplifica quando si è in gruppo, si contagia, e rafforza i legami sociali. Stare in buona compagnia aumenta il rilascio di oppioidi endogeni, di ossitocina e di prolattina, e infatti livelli elevati di oppioidi endogeni nel cervello provocano uno stato simile a quello che si ha quando ridiamo in compagnia di amici. Viceversa quando tali sostanze scarseggiano aumenta lo stress, il senso di solitudine o, in casi più gravi, la depressione, ed è per questo che è buona cosa restare vicini e rallegrare quanto possibile le persone che si trovano in uno stato di ansia o sofferenza. Una sintesi tra l'interpretazione sociale del riso e quella di interruzione di una fase di tensione è l'interessante teoria del «falso allarme» di Ramachandran. Gli animali emettono specifici suoni per indicare allarmi agli altri membri del gruppo e addirittura alcuni animali, come i cercopitechi, hanno suoni differenti per indicare pericoli differenti, come aquile, leopardi o serpenti. Tuttavia, in alcuni casi è importante indicare che una precedente situazione di allerta si è felicemente risolta scoprendo che l'allerta era dovuta a un falso allarme. Il contrasto tra la situazione di tensione e quella di positiva risoluzione viene così comunicata agli altri membri del gruppo mediante specifiche vocalizzazioni. Il riso, secondo Ramachandran, ha proprio questo significato. Questa teoria riesce a spiegare sia l'idea che il riso dipenda dall'improvviso rilascio di una precedente tensione, sia l'idea che il riso sia un gesto sociale comunicativo. Inoltre, sembra anche spiegare perché il riso ha una valenza emozionale positiva (il pericolo non c'è), e perché il riso si contagia (diffusione del segnale di falso allarme).

A dispetto della centralità del riso nella nostra vita sociale quotidiana, le basi neurali di questa espressione sono per lo più sconosciute. Lo psicologo Robert Provine ha definito il riso come quel comportamento sociale che virtualmente scompare all'interno dei laboratori, poiché è estremamente arduo fare ridere a comando un soggetto sperimentale. Inoltre, un soggetto che ride muove la testa e ciò provoca artefatti tali da non rendere possibile uno studio di neuroimmagini. Conseguentemente, le nostre conoscenze sulle basi del riso vertono principalmente su casi di riso patologico dovuto a lesioni o a particolari crisi epilettiche, le crisi gelastiche. Recentemente, come abbiamo visto, il riso è stato evocato dalla stimolazione elettrica su pazienti, e questo auspicabilmente aiuterà a comprendere meglio il network neurale che sottostà a questa espressione. A oggi si contano poco più di una ventina di casi, la maggior parte dei quali evocati dal cingolo anteriore e dal lobo temporale, al quale si aggiungono alcune stimolazioni sparse nelle regioni frontali. Coerentemente con l'idea per cui il riso ha molteplici funzioni sociali, e non solo quella di esprimere la gioia, è possibile che un network distribuito di aree partecipi alla produzione del riso a seconda del contesto sociale, dell'umore del momento, dei ricordi o dei processi cognitivi in corso.

9. *La dimensione sociale dell'espressione emozionale*

L'idea che la dimensione sociale sia una componente importante della produzione emozionale è catturata dal concetto di «effetto audience», cioè l'effetto per cui una risposta emozionale viene resa manifesta, o esagerata nei suoi effetti, solo se in presenza di altri individui. Abbiamo preannunciato che il riso si contagia e si potenzia in contesti sociali e che addirittura la stimolazione dell'insula ventrale evoca risposte affiliative solo durante contatto visivo con un altro individuo. Gli psicologi spagnoli José Miguel Fernández-Dols e Maria-Angeles Ruiz-Belda hanno notato che alle premiazioni ai giochi olimpici di Barcellona nel 1992 i vincitori di medaglie d'oro hanno prodotto sorrisi genuini quasi esclusivamente durante l'interazione *vis-à-vis* con altri individui e che, allo stesso modo, i giocatori di calcio tendano a produrre sorrisi genuini dopo un goal solo se incontrano lo sguardo di altri giocatori. Qualcosa di simile è stato notato anche sui giocatori di bowling, in cui si è osservato che il riso di gioia correla di più con il numero di sguardi incontrati dopo un tiro che non con quello dei birilli caduti. E sebbene sia innegabile che la gente spesso rida anche da sola in casa, magari davanti alla TV, tuttavia quando siamo soli siamo comunque soggetti a una «socialità implicita» tale per cui il nostro uditorio, benché fisicamente assente, è tuttavia ricostruito e immaginato nella nostra testa. L'effetto audience naturalmente non riguarda solo il ridere, ma anche espressioni negative come il disgusto o il dolore. Anche fare il broncio dovrebbe essere concepito come una forma di comunicazione, o di mediazione sociale finalizzata a trovare un buon accordo con un interlocutore. Ma c'è di più. Le emozioni cognitive più complesse, cioè le emozioni non-darwiniane non associate a programmi affettivi stereotipati (orgoglio, vergogna, senso di colpa ecc.) sono con ogni probabilità qualcosa di essenzialmente diverso dalle emozioni darwiniane. Ciononostante, secondo i filosofi Paul Griffiths e Andrea Scarantino anche queste possono essere modulate o addirittura generate da semplici fattori sociali. L'imbarazzo non è necessariamente indotto dalla consapevolezza di esserci comportati in modo socialmente inappropriato: possiamo sentirci imbarazzati per il semplice improvviso riversarsi di attenzioni inattese verso di noi. L'attore che a teatro ci chiama dal pubblico e ci fa salire sul palco. Analogamente il senso di colpa può emergere quando qualcuno che abbiamo a cuore ci accusa anche se siamo certi di non aver commesso nulla di male, e sembra piuttosto veicolare la necessità di riparare la relazione. Insomma, anche per quello che riguarda le emozioni cognitive complesse il dominio sociale risulta essere un importante catalizzatore.

Mentre un assunto comune alla tradizione cognitivista e a quella neojamesiana è per cui la funzione prima delle emozioni è quella di fornire sistemi di decisione sulla base della valutazione di stimoli esterni (lo abbiamo visto bene sia nel caso del marcatore somatico che in merito ai giudizi morali), viceversa secondo una prospettiva *embodied* e situata le emozioni trovano la loro ragione d'essere all'interno di un contesto sociale – poiché l'emozione è intrinsecamente legata all'espressione dell'emozione, e l'espressione dell'emozione è una forma di comunicazione sociale. Lo stesso Nico Frijda, nel suo monumentale libro sulle emozioni, dichiara che «La [...] funzione [delle espressioni] non è quella di comunicare degli stati mentali. Esse comunicano richieste e intenzioni e servono a influenzare il comportamento altrui, non a favorire la comprensione»[12]. Questa posizione ha le sue radici nella filosofia del pragmatista americano George Herbert Mead. Oltre a sottoscrivere gran parte delle tesi di Dewey circa la continuità tra espressione ed esperienza emozionale, Mead ci invita a considerare l'espressione emozionale come una forma di comunicazione prelinguistica, cioè un gesto sociale. Secondo Mead le espressioni emozionali sono atti interrotti, ovvero inizi di atti che vengono poi sospesi e non portati a termine – un'idea che Mead prende appunto da Dewey – e che vengono però impiegati dall'osservatore per inferire la fine possibile di quell'atto, e programmare a sua volta una risposta, generando un dialogo dinamico e coordinato di risposte. La coscienza emozionale nascerebbe proprio da questo dialogo: non è un presupposto perché vi sia una dimensione sociale, ma è piuttosto un prodotto di essa. Stando a questa prospettiva potremmo dire che l'emozione, per verificarsi, necessita di una dimensione sociale, e che le diverse emozioni si differenziano a partire dalle interpretazioni che l'osservatore fa delle possibili azioni future di colui che le esprime. Ancora una volta, dunque, ci troviamo di fronte a una interpretazione motoria e pragmatica dei processi cognitivi. Conclusioni analoghe sono suggerite oggi dalla riflessione del filosofo canadese Paul Dumouchel, il quale sostiene che la risposta emozionale in natura è sempre generata all'interno di gruppi sociali di conspecifici:

non c'è società tra i lupi e gli agnelli. Il cacciatore divora la preda. È tutto. Il predatore non può trarre vantaggi dalla propria preda che non implichino la morte di quest'ultima. Non accade lo stesso tra i lupi. Quando due entrano in conflitto, può essere vantaggioso per ognuno degli avversari risolvere il confronto prima che qualcuno subisca una ferita grave. [...] Dunque ci sarà una pressione selettiva in favore degli organismi dotati della disposizione a stabilire un sistema di minacce e di offerte di sottomissione che permette di risolvere i conflitti riducendo il numero delle ferite gravi. In altri termini, ci sarà una pressione selettiva in favore dell'espressione di certe emozioni[13].

Nella visione filosofica di Dumouchel le espressioni di aggressività o di paura sono *promesse* – ovvero un sistema di minacce e di offerte di sottomissione – e non invece l'inizio di un combattimento o di una fuga. In altri termini, esistono emozioni solo all'interno della «coordinazione intraspecifica strategica»: l'espressione permette la coordinazione (che può aver luogo tanto in ambito di competizione quanto di cooperazione) poiché permette a individui dello stesso gruppo di informarsi reciprocamente delle proprie opzioni di scelta. La conclusione della riflessione di Dumouchel è radicale, e al contempo estremamente vicina ai risultati delle neuroscienze affettive passati in rassegna in queste pagine: «penso che l'espressione delle emozioni sia primaria rispetto alle «emozioni», sia logicamente, sia cronologicamente»[14].

10. *Dalla teoria del feedback facciale alla teoria polivagale*

Gli studi sopra citati sembrano suggerire che un modello neuroscientifico maturo dell'esperienza emozionale debba considerare l'espressione dell'emozione come parte integrante dell'esperienza emozionale. Di conseguenza, non solo le stesse aree emozionali dovrebbero contribuire sia all'esperienza emotiva che all'organizzazione della risposta comportamentale emozionale – come infatti abbiamo visto succede in molti casi; ma se espressione ed esperienza emozionale sono entrambe dipendenti dalle stesse strutture anatomiche, allora è presumibile che le prime influenzino le seconde, e viceversa. Ad esempio, posso rendere una storiella più divertente semplicemente chiedendo ai miei ascoltatori di sorridere ancor prima che io inizi a raccontarla? In effetti, è stato dimostrato a più riprese che è possibile ottenere un deficit nella percezione emozionale bloccando a livello periferico la produzione di un'espressione emozionale, e una vasta letteratura ha dimostrato che l'iniezione di tossina botulinica nei muscoli facciali coinvolti nell'espressione emozionale, oltre a indebolire la produzione espressiva, indebolisce anche l'esperienza emozionale corrispondente[15]. Come mostrato da Andreas Hennenlotter e colleghi, durante l'imitazione dell'espressione emozionale della rabbia, i soggetti sottoposti a iniezione di tossina botulinica mostrano una ridotta attività dell'amigdala – un centro di integrazione implicato nel controllo di alto livello delle risposte vegetative, nonché parte del network emozionale sopra citato – e del tronco dell'encefalo, la struttura arcaica implicata nella modulazione diretta delle risposte vegetative. Il che significa che la soppressa attività di queste strutture provoca contemporaneamente la diminuzione del feedback sensoriale e la soppressione della risposta motoria viscerale. Infine, a dimostrazione del fatto che l'espressione facciale interviene nella regolazione dell'umore anche nel lungo termine, è stato scoperto che l'iniezione della tossina botulinica nel muscolo procero (coinvolto nell'aggrottamento delle sopracciglia tipico della rabbia) e nel corrugatore del sopracciglio (coinvolto nelle espressioni di tristezza, sofferenza e disapprovazione) in soggetti affetti da depressione maggiore farmacoresistente è in grado di produrre, in soli due mesi di trattamento, un miglioramento delle condizioni cliniche. E se l'inibizione della muscolatura facciale provoca una diminuzione dell'esperienza emozionale, viceversa anche la produzione forzata di un'espressione, o di una postura emozionale predispone all'esperienza emozionale corrispondente, influenzando il modo in cui l'informazione emozionale viene processata. Ad esempio, se chiedete a qualcuno di mantenere una penna tra i denti (obbligandolo a un sorriso involontario) o tra le labbra (obbligandolo invece ad assumere un volto involontariamente accigliato), e contemporaneamente presentate al vostro soggetto alcuni fumetti chiedendogli quanto li ritiene divertenti, il vostro soggetto riterrà automaticamente più divertenti i fumetti che legge assumendo inconsapevolmente un'espressione di sorriso, rispetto a quelli che legge assumendo un'espressione accigliata. Sorprendente, quasi da non crederci, ma esistono ormai innumerevoli versioni di questo esperimento classico, in cui di volta in volta viene modulata l'espressione facciale o la postura. Come si dice, sorridi e la vita ti sorriderà. Tuttavia, poiché la tossina botulinica blocca la trasmissione sinaptica tra un motoneurone e la fibra muscolare, tutto ciò che riguarda l'output motorio è integro fino alla sinapsi neuromuscolare, mentre ciò che è colpito dal botulino è la ritrasmissione a feedback dell'avvenuta attività motoria, quindi ancora la percezione del proprio movimento. In altri termini, potremmo dire che la teoria del feedback facciale sembra essere ancora in linea con una versione jamesiana della percezione delle emozioni, tacendo dunque sul ruolo dell'output motorio. Ma la «teoria polivagale» di Porges porta nuova acqua al mulino dell'interpretazione motoria dell'espressione/esperienza emozionale, partendo dallo studio dell'evoluzione del sistema nervoso autonomo. Il sistema nervoso autonomo è il sistema che innerva i muscoli lisci degli organi e dei tessuti corporei, regolando così i parametri vegetativi. È responsabile dei rapidi e automatici aggiustamenti ematochimici, del controllo del sistema cardiovascolare, della respirazione, della temperatura, dei processi digestivi e delle risposte del sistema immunitario, influenzando inoltre i sistemi neuroendocrini che governano gli assi cervello-ipofisi-organo, come l'asse ipofisario surrenalico o quello ipofisario tiroideo. Viene definito «autonomo» perché in origine si pensava fosse un sistema totalmente involontario e funzionalmente separato dal sistema nervoso volontario, sebbene si sia poi scoperto come il sistema nervoso autonomo sia modulato da numerose strutture corticali, alcune delle quali abbiamo conosciuto nelle pagine precedenti: il cingolo, l'insula, la corteccia orbitofrontale e il polo temporale. D'altra parte, è noto a chiunque che fattori cognitivi di ordine superiore quali il pensiero di un esame, una presentazione davanti a una sala affollata, o i rigori di Italia-Francia ai Mondiali del 2006, possano modulare i parametri vegetativi, aumentando la frequenza cardiaca, i cicli respiratori, e la sudorazione. Il sistema nervoso autonomo è composto da due branche principali, denominate sistema simpatico e sistema parasimpatico. Il sistema simpatico, che deve il suo nome all'antica credenza che il sistema viscerale supportasse le «simpatie», ovvero le forti emozioni descritte nelle opere di Omero, è implicato nella mobilizzazione della risposta metabolica funzionale alle risposte di «attacco/fuga», quali l'aumento della frequenza cardiaca, della respirazione, della sudorazione, e il rilascio di catecolamine. Infatti entra in azione durante le situazioni di emergenza, favorendo gli stati di vigilanza, di attivazione e di mobilitazione, e per questo qualcuno lo ha definito il sistema alla base delle 4 F del comportamento: *fight*, *flight*, *fright and … sex*. Tutte le forti emozioni negative, a eccezione del disgusto, sono supportate da un'attivazione di questo sistema. Nel suo portentoso libro sulla fisiologia dello stress *Perché alle zebre non viene l'ulcera?*, il neuroscienziato Robert Sapolsky ha spiegato come l'attivazione cronica del sistema nervoso simpatico sia alla base di una serie di malanni tipici della nostra società quali ulcera, depressione, infarti, malattie autoimmuni, diabete, e altre piacevolezze. Infatti, in natura il sistema nervoso simpatico è fatto per attivarsi durante situazioni d'emergenza, ma per poi disattivarsi subito dopo: una zebra che improvvisamente scappa da un leone, ma che pochi minuti dopo è fuori pericolo, o morta. In entrambi i casi il suo sistema simpatico si ferma, ed è per questo che alle zebre non viene l'ulcera (sebbene nel secondo caso non sarebbe stato un grosso problema). Viceversa, le situazioni di stress tipiche della società umana inducono un'attivazione cronica e prolungata del sistema simpatico, che perdura ininterrotta per ore, giorni o mesi, inducendo o inasprendo tutti i malanni sopracitati. Potete immaginare un mutuo come un leone che vi insegue ininterrottamente per trent'anni, giorno e notte senza sosta. Un lavoraccio per il sistema simpatico.

L'altra metà del sistema nervoso autonomo è il sistema parasimpatico, il quale ha un compito diametralmente opposto: si attiva nelle condizioni di calma assoluta quali il riposo e la digestione, diminuendo frequenza cardiaca, cicli respiratori ecc.[16]. L'asse portante del sistema parasimpatico è il nervo vago. Stephen Porges, neuroscienziato presso il Dipartimento di Psichiatria dell'Università del North Carolina, sostiene che lo sviluppo filogenetico del sistema nervoso autonomo sia avvenuto non attraverso due stadi (uno per la branca parasimpatica e uno per quella simpatica), bensì tre stadi evolutivi. Il nervo vago, infatti, ha secondo lui una doppia storia evolutiva: esistono due sistemi vagali, emersi durante stadi differenti dello sviluppo filogenetico, e caratterizzati da funzioni differenti. Il primo stadio dello sviluppo del sistema nervoso autonomo riguarda la formazione della parte non-mielinica del nervo vago, che origina nel tronco dell'encefalo dal nucleo motorio dorsale del vago. Questo sistema è presente nei mammiferi come vestigia del controllo vagale cardiaco e respiratorio dei rettili, e come abbiamo detto è implicato in risposte viscerali e vegetative lente finalizzate alla digestione e alla depressione dell'attività metabolica in risposta alla minaccia. Il secondo stadio dello sviluppo del sistema nervoso autonomo è caratterizzato dallo sviluppo del sistema simpatico, il cui scopo è la mobilizzazione della risposta metabolica implicata nelle risposte di «attacco/fuga». Il terzo stadio, e qui le cose si fanno interessanti, è avvenuto compiutamente solamente nei mammiferi, ed è caratterizzato dallo sviluppo della porzione mielinica del nervo vago, che origina nel tronco dell'encefalo a livello del nucleo ambiguo. Questo sistema è implicato sia nel controllo di funzioni vegetative (ad esempio, permette ai mammiferi la rapida inibizione e disinibizione del tono vagale sul cuore, che può in tempi molto rapidi mobilitare o calmare un individuo, nonché l'inibizione dell'attività del sistema simpatico e dell'asse ipotalamo-ipofisi-surrene, modulando così lo stato viscerale, i neuropeptidi ossitocina e vasopressina, e il sistema immunitario), che nel controllo della muscolatura facciale implicata nella produzione di espressioni emozionali, nella vocalizzazione e nella comunicazione sociale, tramite connessioni con i nervi cranici. Quindi, nei mammiferi la muscolatura facciale e la vocalizzazione, implicate nella trasmissione sociale dell'emozione, dipendono dallo stesso sistema di controllo dei parametri vegetativi coinvolti nella modulazione delle risposte emozionali, e che secondo William James sono la causa dell'esperienza emozionale.

Questo dato fa improvvisamente tornare tutti i conti, tanto il fatto per cui la stimolazione in diverse aree cerebrali evoca espressioni facciali e al contempo modula la frequenza cardiaca, quanto le scoperte riconducibili alla teoria del feedback facciale, mettendo definitivamente in crisi l'idea che ci sia un confine netto tra sistemi percettivi dell'emozione, sistemi produttivi dell'espressione, e dimensione sociale delle emozioni. Per questo espressione, esperienza e comunicazione sociale rappresentano «tre facce» della stessa medaglia. Le nuove scienze cognitive guardano dunque alle emozioni come a pattern dinamici che coinvolgono processi neurali, muscolari e vegetativi, che emergono spontaneamente dall'interazione con l'ambiente sociale e naturale[17]. Le emozioni sono dunque azioni, ma le azioni – come tutto questo libro cerca di raccontare – non sono solo una questione di muovere muscoli, ma il centro di gravità dei processi cognitivi.

NOTE AL CAPITOLO TERZO

[1] Le altre due categorie esplicitamente considerate da Griffiths nel suo *What Emotions Really Are* riguardano le emozioni di alto livello cognitivo per lo più assenti negli altri animali, come l'invidia o il risentimento, e quelle dipendenti dall'internalizzazione di modelli culturali.

[2] Per un approfondimento di questo dibattito vedi il volume curato da L.F. Barrett e J.A. Russell, *The Psychological Construction of Emotions*, New York, The Guilford Press, 2015.

[3] In realtà, si tratta di una semplificazione del pensiero di Darwin le cui intuizioni, come accenneremo a fine capitolo, furono in realtà molto più profonde e articolate, preannunciando alcuni degli sviluppi contemporanei delle scienze cognitive che discuteremo qui.

[4] Come è noto la teoria è stata criticata da un punto di vista empirico, tra gli altri, dal fisiologo Walter Cannon, il quale ha notato come il feedback corporeo è troppo indifferenziato per specificare differenti emozioni (l'aumento della frequenza cardiaca, ad esempio, è comune a molte emozioni, sia negative che positive) ed è, nel caso del feedback ormonale, anche troppo lento per spiegare l'insorgere degli stati emozionali. Avessimo dovuto aspettare il rilascio di ormoni nel sangue per spaventarci e iniziare la fuga, saremmo già tutti morti.

[5] A onor del vero molti sostengono che già Darwin discuta l'espressione delle emozioni prefigurando il concetto di «adattamento se-

condario» finalizzato alla comunicazione sociale. Secondo questa idea, Darwin intuì che l'espressione di disgusto nasce sì come inizio del programma motorio per rigurgitare cibo andato a male, ma viene poi mantenuta in quanto trova una nuova funzione sociale nella comunicazione tra individui.

[6] M. Merleau-Ponty, *Fenomenologia della percezione* (1945), Milano, Bompiani, 2003, p. 258.

[7] H. Plessner, *Il riso e il pianto. Una ricerca sui limiti del comportamento umano* (1982), Milano, Bompiani, 2015, pp. 94-95.

[8] J. Panksepp e L. Biven, *Archeologia della mente. Origini neuroevolutive delle emozioni umane* (2012), Milano, Cortina, 2014, p. 63.

[9] J. Panksepp, *Affective consciousness: Core emotional feelings in animals and humans*, in «Consciousness and Cognition», 14, 2005, p. 65.

[10] Per un'introduzione ad una teoria motoria delle emozioni vedi F. Caruana e V. Gallese, *Sentire, esprimere, comprendere le emozioni. Una nuova prospettiva neuroscientifica*, in «Sistemi intelligenti», 2, 2011, pp. 223-234.

[11] H. Bergson, *Il riso. Saggio sul significato del comico* (1899), Roma-Bari, Laterza, 2007, pp. 14-15.

[12] N.H. Frijda, *Emozioni*, Bologna, Il Mulino, 1990, p. 104.

[13] P. Dumouchel, *Emozioni. Saggio sul corpo e il sociale*, Milano, Medusa, 2008, p. 90.

[14] *Ibidem*, p. 88.

[15] A dir la verità fu lo stesso Darwin che, pur non approfondendo il tema, preannunciò con più di un secolo d'anticipo la visione della teoria del feedback facciale, notando per primo che «la libera espressione di un'emozione, con segni esteriori, la intensifica. La repressione, nei limiti del possibile, di tutti i segni esterni affievolirebbe le nostre emozioni. La persona che compirà gesti violenti incrementerà la propria rabbia; chi non riuscirà a controllare i segni di paura si spaventerà in misura molto maggiore; e chi resta passivo quando è sopraffatto dal dolore perde una grande occasione per recuperare l'elasticità mentale. Questi risultati derivano in parte dall'intima relazione esistente tra quasi tutte le emozioni e la loro manifestazione» (C. Darwin, *L'espressione delle emozioni nell'uomo e negli altri animali* (1872), Milano, Newton Compton, 2006, p. 256).

[16] In realtà, sistema simpatico e sistema parasimpatico non funzionano sempre in maniera opposta. Esistono infatti una serie di casi in cui i due sistemi sono coattivati, come durante il riflesso di immersione, il riflesso oculocardiaco, o il riflesso somatico nocicettivo. Per questo qualcuno ha paragonato i due sistemi allo yin e allo yang del controllo autonomico cardiaco.

[17] Per un approfondimento di questi temi vedi G. Colombetti, *The Feeling Body. Affective Science Meets the Enactive Mind*, Cambridge, Mass., MIT Press, 2014.

CAPITOLO QUARTO

LE BASI SENSORIMOTORIE DELL'INTERSOGGETTIVITÀ

> Il senso dei gesti non è dato ma compreso, cioè riafferrato da un atto dello spettatore. Tutta la difficoltà consiste nel concepire opportunamente questo atto e nel non confonderlo con un'operazione conoscitiva. [...] Io comprendo l'altro tramite il mio corpo.
>
> Maurice Merleau-Ponty

Non c'è alcun dubbio che l'argomento che ci accingiamo ad affrontare ha portato – più di qualunque altro – le neuroscienze fuori dai laboratori dei neuroscienziati, per entrare non solo in quelli degli psicologi sperimentali, ma anche in quelli dei filosofi, dei linguisti, degli psichiatri, degli psicologi clinici, e finanche nei teatri, nei cinema, e nei musei. E nei libri dei romanzieri. Un caso senza precedenti. Tutto nacque quando, nei primi anni '90, il team di neurofisiologi parmigiani guidati da Giacomo Rizzolatti scoprì che alcuni neuroni della corteccia premotoria ventrale del macaco, area F5, si attivano durante l'esecuzione di un atto motorio finalizzato – come afferrare pezzi di cibo o rompere una nocciolina – ma anche durante l'osservazione di un agente che esegue quelle stesse identiche azioni. Il ruolo giocato nelle dinamiche cerebrali da questi neuroni, poi denominati *mirror neurons*, cioè «neuroni specchio», è dunque lo stesso indipendentemente dal fatto che il neurone venga attivato motoricamente, cioè quando il soggetto esegue l'azione, o visivamente, quando il soggetto osserva quella medesima azione[1]. Il fatto stesso che neuroni di un'area del sistema motorio si attivino mentre il soggetto è immobile e osserva è già di per sé un fatto sensazionale, ma il fatto che un'azione osservata risuoni nel corrispondente substrato motorio lo è ancora di più. Non è stato facile intuire subito la portata della scoperta tant'è che, per una di quelle beffe del destino, l'articolo in cui queste risposte vennero descritte per la prima volta fu rigettato da prestigiose riviste perché «non di interesse generale», e venne poi pubblicato su una rivista specialistica di neurofisiologia. A oggi quell'articolo vanta ben più di duemila citazioni scientifiche! A oltre due decadi da quella scoperta oggi è chiaro come il caso dei neuroni specchio rappresenti un evento cruciale per la svolta sociale ed *embodied* nelle scienze cognitive. Il fatto che alcune cellule del nostro sistema motorio, classicamente considerate implicate nella sola esecuzione del movimento, siano reclutate anche quando osserviamo qualcun altro agire, come se mentalmente simulassimo di compiere ogni azione osservata, è stato uno dei principali motivi che hanno portato gli scienziati a chiedersi fino a che punto avesse senso isolare lo studio del sistema motorio dal contesto sociale, e lo studio della percezione dall'azione. Un nuovo tipo di domande è sorto in riferimento alle funzioni del sistema motorio: il funzionamento del nostro sistema motorio è potenziato, o inibito, se eseguiamo un'azione mentre qualcun altro fa la stessa cosa? Lo scarso sviluppo del sistema motorio può avere, tra le sue conseguenze, anche disturbi relativi alla sfera sociale? L'osservazione costante di individui che eseguono particolari azioni – come lavori manuali o attività sportive – interviene nello sviluppo del sistema motorio, migliorando le nostre performance? Gioca un ruolo nello sviluppo cognitivo di un bambino? E ancora, il processo riabilitativo nei pazienti con lesioni del sistema motorio, o nei pazienti ortopedici, può beneficiare della presenza di un determinato contesto intersoggettivo? È chiaro che, adottando un modello interpretativo classico votato allo studio dei processi individuali, tutte queste domande non hanno neppure ragione di essere sollevate. Inoltre, in anni più recenti, è emersa la convinzione che oltre ai neuroni specchio per le azioni, originariamente individuati nell'area premotoria e successivamente nel lobo parietale a essa connesso, esistano molti altri tipi di neuroni specchio dislocati in aree del cervello adibite a funzioni differenti da quelle motorie – non azioni ma risposte emozionali, linguaggio, sensazioni, e così via – suggerendo che la comprensione sociale sia in larga parte veicolata da questo principio generale. Ma andiamo per ordine.

1. *Un vocabolario di atti motori*

Pochi anni prima della scoperta dei neuroni specchio, i neurofisiologi parmigiani avevano scoperto che l'area premotoria ventrale non controlla singoli movimenti muscolari, ma piuttosto parametri motori di alto livello quali lo *scopo dell'atto motorio*. Questa era già stata una grande rivoluzione. Risale al 1988 la pubblicazione del dato per cui gli stessi neuroni di quest'area si attivano quando il soggetto afferra un oggetto con la mano sinistra, con la mano destra, o con la bocca. Poiché non vi sono distretti muscolari che giustificano l'attivazione di uno stesso neurone premotorio mentre il soggetto afferra l'oggetto sia con la mano sinistra, che con la destra, che con la bocca, fu chiaro come il vocabolario della fisiologia – fatto di contrazioni muscolari, di facilitazioni e di inibizioni – non fosse più in grado di spiegare il dato fisiologico, e come per i fisiologi iniziasse una fase in cui diventava necessario avvalersi di espressioni che appartengono più al linguaggio della psicologia, se non addirittura a quello del senso comune, che non a quello proprio della fisiologia. Cosa si può dire infatti a proposito di un neurone che si attiva quando afferriamo un oggetto indipendentemente dall'effettore e dal gruppo muscolare reclutato? Cosa codifica? Codifica lo scopo, il prendere, l'afferrare. Tant'è vero che ogni singolo neurone premotorio sembra avere una speciale selettività per alcune azioni ma non per altre: alcuni neuroni aumentano la loro frequenza di scarica durante l'afferramento di oggetti, altri aumentano la frequenza di scarica quando il soggetto strappa un foglio di carta, altri ancora quando rompe una nocciolina, e così via. I gruppi muscolari coinvolti in queste diverse azioni sono più o meno gli stessi, ma gli scopi sono invece molto differenti. Per questo è stata introdotta l'idea che la premotoria ventrale contenga un «vocabolario di atti motori», ovvero un vocabolario motorio in cui ogni parola corrisponde a una popolazione neuronale in grado di mettere in atto un'azione finalizzata. Alcune parole codificano lo scopo in termini molto generali, come afferrare l'oggetto, strappare il foglio o rompere la nocciolina. Altre codificano più in dettaglio come eseguire l'azione, e altre ancora codificano gli aspetti temporali dell'azione. L'intuizione per cui la premotoria ventrale codifica lo scopo dell'azione è stata successivamente confermata da nuovi esperimenti. Nel 2001 il gruppo di neurofisiologi diretto da Peter Strick pubblicò sulla rivista «Nature» uno studio in cui si arrivava infatti a conclusioni simili. Avevano insegnato a una scimmia a muovere un joystick per raggiungere quattro target su uno schermo: alto, basso, sinistra, destra. Successivamente avevano fatto sì che gli stessi target potessero essere raggiunti, di volta in volta, mediante quattro differenti e opposti movimenti del posto: deviazione radiale, ulnare, di flessione o di estensione. Ma mentre in alcuni casi era possibile portare il target sulla parte alta dello schermo compiendo un movimento radiale del polso, in altri casi era necessario compiere un movimento ulnare, e in altri ancora una flessione, o infine un'estensione del polso. In questo caso era possibile dissociare lo scopo finale (posizione del target) dal parametro muscolare (movimento del polso). Quello che emerse fu che i neuroni della premotoria ventrale erano selettivi allo scopo finale indipendentemente dal movimento muscolare richiesto per raggiungere quello scopo: uno stesso neurone poteva scaricare durante movimenti muscolari differenti, purché fossero impiegati per raggiungere la stessa direzione finale. Nel 2008, inoltre, Fausto Caruana partecipò a un esperimento condotto da Alessandra Umiltà in cui vennero addestrate alcune scimmie a utilizzare pinze normali o pinze da escargot – pinze cioè che si aprono chiudendo la mano, e si chiudono aprendola. Anche in questo modo fu possibile dissociare lo scopo finale (prendere un oggetto o un pezzo di cibo) dal movimento muscolare (flessione o estensione delle dita). Si scoprì che durante l'utilizzo dei due strumenti i singoli neuroni dell'area premotoria ventrale F5 codificano l'apertura o la chiusura dell'effettore finale (le due pinze) indipendentemente dal fatto che l'una richiedesse una flessione delle dita, e l'altra ne richiedesse l'estensione: uno stesso neurone, ad esempio, aveva un picco di scarica durante la chiusura della pinza normale (e chiusura della mano), e durante la chiusura della pinza da escargot (e apertura della mano). Anche gli studi di stimolazione elettrica hanno mostrato come la stimolazione sia in grado di evocare sequenze di atti motori tenuti insieme da uno scopo, come ad esempio portare il cibo alla bocca. Gli studi di stimolazione elettrica condotti dal neuroscienziato americano Michael Graziano si distinguono dagli studi classici di stimolazione del sistema motorio per la modalità di stimolazione: mentre infatti gli studi di mappatura del sistema motorio richiedono il rilascio di brevissimi treni di stimolazione, di 50 o 100 ms di durata, con basse intensità di corrente, viceversa Graziano ha introdotto l'impiego di stimolazioni caratterizzate da treni molto più lunghi, fino a 500 ms, e utilizzando intensità di corrente molto più alte. L'effetto di tali modifiche è sorprendente. Infatti, anziché evocare i piccoli scatti muscolari tipici della stimolazione a treni brevi, la stimolazione di quegli stessi siti mediante treni lunghi evoca azioni finalizzate molto complesse e multi-articolari, come ad esempio il gesto di afferrare qualcosa con la mano, ruotare il polso, flettere il braccio fino a portare la mano alla bocca e, infine, chiudere la bocca. Un'intera catena di atti motori, caratterizzati dall'attivazione di gruppi muscolari diversi, in tempi diversi, sembra poter essere sprigionata dalla stimolazione di un singolo sito corticale. Ma, a seconda della regione del sistema motorio stimolata, è possibile evocare anche movimenti di arrampicamento con gli arti inferiori, movimenti di manipolazione con gli arti superiori, espressioni facciali, e così via, come mostrato da Graziano. Questi esperimenti hanno ulteriormente contribuito a portare a uno slittamento dell'interpretazione relativa al che cosa è conservato nel sistema motorio. Se da un lato la stimolazione classica poteva indurre a pensare che il sistema motorio controlli parametri muscolari semplici o, per dirla con un ritornello che circolava tra i fisiologi degli anni '70, che «il sistema motorio pensa in termini di muscoli», viceversa gli studi più recenti hanno messo in luce come il sistema motorio sia piuttosto preposto alla produzione di azioni complesse tenute insieme da uno scopo. La compenetrazione tra movimento e senso, o scopo, di quel movimento rappresenta la controparte neurale di un fenomeno già descritto in passato dai filosofi con il termine di «intenzionalità motoria». Nella *Fenomenologia della percezione*, Merleau-Ponty evidenzia come il significato motorio dei nostri gesti sia conservato nei gesti stessi:

> Ogni movimento è indissolubilmente movimento e coscienza di movimento. Tutto ciò può essere espresso dicendo che [...] ogni movimento ha uno sfondo, e che il movimento e il suo sfondo sono «momenti di una totalità unica». Lo sfondo del movimento non è una rappresentazione associata o collegata esteriormente al movimento stesso, ma è immanente al movimento, lo anima e lo sostiene in ogni momento[2].

All'inizio degli anni '90 il filosofo della mente John McDowell ha espresso un concetto simile nel tentativo di estendere il dominio concettuale a tutta la sfera del mentale: non solo sostenendo, con Kant, che la percezione è una pratica che coinvolge le nostre capacità concettuali, ma sostenendo che tali capacità permeano anche ogni nostra azione intenzionale:

> Kant dice: «I pensieri senza contenuto sono vuoti, le intuizioni senza concetti sono cieche». Similmente, le intenzioni senza un'attività che le concretizza sono oziose, e i movimenti degli arti senza concetti sono puri accadimenti, non espressioni di un'azione volontaria. [...] Le azioni corporee intenzionali sono concretizzazioni della nostra natura attiva in cui le capacità concettuali sono inestricabilmente coinvolte[3].

Solo recentemente questa linea interpretativa si è riaffacciata alla filosofia della mente contemporanea, soprattutto grazie ai lavori teorici del neuroscienziato Vittorio Gallese, nonché a quelli del filosofo Corrado Sinigaglia, ricongiungendo le originarie riflessioni filosofiche con i dati neuroscientifici relativi al sistema motorio, e mostrando come le rappresentazioni motorie – lungi dal limitarsi al coordinamento dei movimenti muscolari – contribuiscono a determinare il contenuto delle nostre intenzioni.

2. *I neuroni specchio e l'esperienza motoria*

Dal punto di vista motorio, i neuroni specchio di F5 sono tipici neuroni premotori, con proprietà *motorie* del tipo appena visto, ai quali si aggiungono però proprietà *visive* speciali: un input visivo relativo a un movimento biologico (un'azione osservata) viene proiettato dalle aree visive di ordine superiore alle aree premotorie, dando luogo a una *simulazione* mentale di quell'azione. Questa simulazione avviene in modo del tutto automatico e totalmente involontario, operando senza alcuno sforzo da parte nostra, come fosse un meccanismo percettivo o un riflesso. Da questo punto di vista l'attività del meccanismo specchio sembra a prima vista condividere alcune delle proprietà dei moduli descritti da Jerry Fodor: in particolare questi meccanismi supportano operazioni *obbligate* (cioè non possiamo evitare di simulare l'azione osservata) e *a dominio specifico* (ogni neurone specchio si attiva durante specifici input, ovvero l'osservazione di azioni congruenti al loro programma motorio). Più in particolare, alcuni neuroni specchio scaricano solo durante l'osservazione di un'azione esattamente identica a quella codificata motoricamente (neuroni specchio *strictly congruent*) mentre in altri casi il rapporto tra azione osservata e azione eseguita può essere meno stretto (neuroni specchio *broadly congruent*). Non è invece chiaro se questi meccanismi siano anche *incapsulati informazionalmente* (altro importante postulato della modularità della mente, secondo Fodor) poiché, come vedremo, avanza sempre più l'ipotesi che questi meccanismi possano essere modulati da una ampia varietà di fattori che tipicamente accompagnano l'azione osservata. Una classica domanda relativa ai meccanismi specchio è: se il nostro sistema motorio simula di eseguire l'azione osservata, perché quell'azione non viene tuttavia realmente prodotta? Esistono diverse possibili risposte. In primo luogo, i neuroni specchio rappresentano solo una parte dei neuroni motori attivi durante l'esecuzione dell'azione; semplicemente, potrebbero non essere sufficienti. Inoltre, nuovi dati provenienti dal laboratorio londinese di Roger Lemon sembrano avvalorare l'idea che l'output della premotoria venga immediatamente inibito quando osserviamo un'azione. I ricercatori inglesi hanno individuato in F5 alcuni neuroni piramidali – ovvero neuroni che proiettano direttamente al tratto piramidale – tramite stimolazione antidromica, e poi li hanno studiati funzionalmente per capire se questi neuroni avevano proprietà specchio. La stessa procedura è stata applicata ai neuroni dell'area motoria primaria, più direttamente coinvolta nel controllo muscolare. È emerso che in entrambe le aree circa la metà dei neuroni è modulata dall'osservazione dell'azione, fatto già sorprendente perché indica che i neuroni specchio sono distribuiti anche in motoria primaria. In un gruppo di neuroni la modulazione è tipicamente di tipo specchio, ovvero i neuroni aumentano la frequenza di scarica sia durante l'esecuzione che durante l'osservazione – sebbene l'aumento di scarica registrato durante l'osservazione dell'azione sia maggiore in F5 rispetto a quello registrato in motoria primaria. Un altro gruppo di neuroni ha invece un comportamento opposto: circa un quarto dei neuroni piramidali di F5, e un terzo di quelli della motoria primaria, aumenta la scarica durante l'esecuzione, ma è invece soppresso, inibito, durante l'osservazione dell'azione. Questo tipo di neuroni che in senso lato potremmo definire comunque neuroni specchio, e infatti spesso denominati *suppression mirror neurons*, indicano che durante l'osservazione dell'azione una parte del sistema motorio manda segnali inibitori al tratto piramidale, bloccando l'azione. Come abbiamo visto nel secondo capitolo in relazione al modello di Paul Cisek di competizione tra *affordance*, per motivi di economia il cervello spesso programma automaticamente azioni che *forse* dovrà eseguire e che solo in un secondo momento, sulla base di altre informazioni, decide se inibirne l'inizio o liberarne l'esecuzione. Sotto questo aspetto i neuroni specchio non fanno eccezione a tale regola: l'azione viene automaticamente simulata e altre regioni corticali e sottocorticali hanno il compito di intervenire nel processo inibitorio; quando queste strutture si rompono, ad esempio a seguito di lesioni, si può generare il fenomeno dell'ecoprassia, ovvero quella situazione di reale imitazione automatica e involontaria che il paziente fa di ogni gesto compiuto dal neurologo.

L'esperienza motoria modula l'attività di questi neuroni: come dimostrato da Giovanni Buccino e colleghi, quando osserviamo un'azione che non appartiene al nostro patrimonio motorio, come ad esempio l'abbaiare di un cane, il meccanismo specchio si attiva poco o nulla, e riconosciamo quello che stiamo osservando mediante una pura analisi visiva. Viceversa, quando osserviamo un'azione che appartiene al nostro patrimonio motorio, i neuroni specchio scaricano di più e la simulazione è più forte. Se un ballerino di classica osserva passi di danza classica, l'attivazione del suo meccanismo specchio è maggiore rispetto a quella che ha un osservatore non esperto, nonché a quella che il ballerino di danza classica stesso ha quando osserva passi in un altro stile di danza: lo ha dimostrato Beatriz Calvo-Merino nel laboratorio di Patrick Haggard. Inoltre, la sola familiarità visiva con l'azione non è sufficiente per generare un'attività specchio altrettanto forte: quando il danzatore di classica osserva passi di danza classica tipicamente eseguiti da danzatori di sesso opposto, quindi passi di danza molto familiari da un punto di vista visivo ma non da quello motorio, l'attivazione sarà minore. Soggetti affetti da aplasia e nati senza arti superiori sono in grado di compiere numerose azioni complesse utilizzando gli arti inferiori e, coerentemente, quando osservano azioni manuali complesse attivano quella parte di sistema motorio che normalmente si attiva quando eseguono quelle azioni con i piedi. Infine, nelle scimmie addestrate a utilizzare pinze da escargot, i neuroni specchio di F5 scaricano quando la scimmia osserva l'azione di afferrare pezzi di cibo eseguita a mano nuda, quando l'azione è eseguita con le pinze (che sa usare), e anche quando l'azione è compiuta con un bastone appuntito – uno strumento che la scimmia non sa utilizzare – ma la scarica dei neuroni specchio è forte quando l'azione è eseguita a mani nude, mentre è via via più debole e ritardata nel tempo se eseguita con le pinze o con il bastone appuntito – come illustrato in un lavoro sperimentale di Rochat, Caruana e colleghi. Gli studi comportamentali sulla risonanza motoria non sono numerosi quanto quelli neuroscientifici. Uno dei più famosi fu condotto da Marcel Brass nel laboratorio di Wolfgang Prinz. Ai partecipanti veniva richiesto di muovere il proprio dito osservando una mano che muoveva il dito indice o medio o di rispondere a un indicatore simbolico. In quest'ultimo caso, dovevano sollevare il dito indice quando vedevano il numero 1, e il dito medio quando vedevano il numero 2. I risultati indicano che i partecipanti rispondono più velocemente all'osservazione del movimento del dito che all'indicatore simbolico. In un esperimento successivo, venne mostrato come i partecipanti rispondono più velocemente quando il movimento mostrato è congruente a quello da eseguire. Risultati come questi possono essere interpretati alla luce della teoria ideomotoria nota come *Theory of Event Coding* (TEC), o «teoria della codifica di eventi», proposta da Bernhard Hommel e dal gruppo tedesco guidato da Wolfgang Prinz. Secondo questa teoria, gli eventi che percepiamo e quelli che esperiamo sono rappresentati nello stessa rete integrata di codici, detti «codici di evento». Poiché percezione e piani d'azione sono eventi basati sulla stessa struttura rappresentazionale, risponderemo più velocemente quanto maggiore è la somiglianza tra gli eventi osservati e gli eventi che sono parte del nostro repertorio motorio. Sempre in linea con le teorie ideomotorie, alcuni studi recenti nel laboratorio di Anna Borghi hanno dimostrato effetti di risonanza motoria usando immagini di mani che suggeriscono potenziali azioni con oggetti. Con Marco Tullio Liuzza e Annalisa Setti abbiamo chiesto ad alcuni bambini di valutare se le immagini mostrate raffigurassero oggetti leggeri o pesanti; le immagini erano precedute da una mano (*prime*). I risultati indicano che i bambini rispondono più velocemente quando osservano la mano di altri bambini in posizione di afferramento, piuttosto che se osservano le mani di adulti o le mani di bambini in posizione a pugno. Con Angela Bruzzo e Stefano Ghirlanda abbiamo dimostrato che si risponde più velocemente all'osservazione di una mano che sta afferrando un oggetto quando la mano adotta la nostra stessa prospettiva. Con Mariagrazia Ranzini e Roberto Nicoletti abbiamo mostrato, con un compito di bisezione di linee, che il nostro cervello risuona maggiormente se la linea è affiancata da mani umane piuttosto che mani di robot. Questi studi indicano dunque che tendiamo a risuonare maggiormente quanto più l'azione che osserviamo compiere è simile a quella che è parte del nostro repertorio motorio, e che potremmo compiere noi. Un interessante sviluppo recente ha dimostrato che la risonanza motoria è potenziata se l'agente osservato appartiene al gruppo sociale di appartenenza dell'osservatore. Nel laboratorio guidato da Marco Iacoboni, Molnar-Szakacs ha testato con la TMS partecipanti nicaraguensi e americani di origine europea dimostrando una maggiore eccitabilità corticospinale durante l'osservazione di gesti che sono patrimonio della propria cultura. Coerentemente, in un lavoro sull'empatia per il dolore i neuroscienziati Alessio Avenanti, Angela Sirigu e Salvarore Maria Aglioti hanno misurato con la TMS la reattività empatica di partecipanti caucasici e neri all'osservazione di punture inflitte a mani bianche, nere, o artificialmente colorate di viola. I risultati hanno mostrato una diminuzione della risonanza motoria durante l'osservazione di una puntura rivolta alla mano di un *outgroup*, ovvero alla mano di un bianco per un partecipante di colore, e viceversa – un effetto maggiormente marcato tra i partecipanti che avevano ottenuto un alto punteggio nelle scale di razzismo implicito.

Tutti questi dati ci dicono al tempo stesso due cose: che l'attività specchio è modulata dall'esperienza personale dell'osservatore, e che il meccanismo riflette qualcosa di più profondo del semplice movimento muscolare. Infatti, se così non fosse, non si spiegherebbe la congruenza tra abilità personale e azione osservata poiché, ad esempio, ogni passo di danza è il risultato di singoli movimenti muscolari che, presi individualmente, chiunque potrebbe eseguire. È nella loro coordinazione dinamica che si nasconde invece l'abilità. Ma la storia non finisce qui: studi recenti suggeriscono che, oltre che essere alla base di forme di risonanza motoria, il meccanismo specchio si attiva anche quando si eseguono azioni complementari. Studi di risonanza magnetica, TMS e comportamentali condotti da vari autori, tra cui Newman-Norlund, Luisa Sartori e Ada Kriticos, hanno dimostrato che questo meccanismo si attiva per entrambi i tipi di azioni, consentendoci così di anticipare le possibili azioni altrui e di prepararci a rispondere adeguatamente. Studi di cinematica condotti nel laboratorio di Anna Borghi da Claudia Gianelli e Claudia Scorolli hanno mostrato, ad esempio, che la cinematica del movimento varia a seconda che si esegua un compito di afferramento di un oggetto in presenza o meno di un altro individuo, e che l'altro sia o meno nostro amico da lunga data (*affordance* sociali), e ricercatori del gruppo di Castiello hanno dimostrato che i parametri cinematici variano a seconda che i partecipanti abbiano un'attitudine competitiva o collaborativa. Il tema della «azione congiunta», o *joint action*, è stato inizialmente oggetto di interesse di filosofi come Michael Bratman e John Searle intorno alla fine degli anni '90. Solo successivamente è diventato argomento di interesse in psicologia e neuroscienze cognitive, grazie ai lavori di Michael Tomasello, di Günther Knoblich e Natalie Sebanz, del gruppo di Salvatore Aglioti, e nell'ambito computazionale, come mostrano ad esempio i lavori di Giovanni Pezzulo e colleghi. Complessivamente, questi approcci hanno dimostrato che l'azione congiunta si basa sulla capacità di condividere percezioni, stati mentali e rappresentazioni del compito comune da svolgere. Le persone tendono a coordinarsi in vario modo, e questa coordinazione può essere emergente, automatica, o pianificata. Esempi di coordinazione emergente sono riportati dagli affascinanti studi di Schmidt e colleghi e di Shockley e colleghi che dimostrano: a volte le persone vicine seguono gli stessi principi matematici nel movimento degli arti, o oscillano il corpo allo stesso modo durante le conversazioni. Esempi di coordinazione pianificata sono quelli dimostrati dagli studi psicologici su effetti attentivi assai studiati, come l'effetto Simon, in contesto sociale, chiedendo ai partecipanti di dividersi il compito[4]. In questo contesto, sono di grande interesse gli studi sul «comportamento di segnalazione» volto a catturare l'attenzione altrui per realizzare un'azione condivisa, come nel caso del cosiddetto «motherese»: il linguaggio usato dalle madri per farsi meglio comprendere dai propri bambini, e per meglio catturare la loro attenzione, consistente nel parlare molto lentamente sottolineando le vocali mentre si parla. Nell'insieme, questi studi mostrano che nell'interagire con gli altri abbiamo bisogno sia di un meccanismo che risuoni di fronte alle loro azioni per comprenderle al meglio, sia di un meccanismo che ci aiuti nello svolgere azioni complementari.

Fatto salvo il ruolo dell'esperienza motoria personale nel modulare l'attività del meccanismo di risonanza, resta da capire in che modo tale esperienza può aumentarne l'attività. Una possibile spiegazione proviene da uno studio di singoli neuroni su modello animale. Nel 2005 Leonardo Fogassi e colleghi hanno pubblicato uno studio sulle proprietà motorie, e su quelle specchio, di alcuni neuroni del lobulo parietale inferiore[5] – un'area strettamente connessa all'area premotoria ventrale F5, con la quale condivide molte proprietà funzionali. Il compito sperimentale prevedeva che l'animale afferrasse pezzi di cibo che poi, di volta in volta, doveva riporre in un contenitore accanto alla bocca, o viceversa poteva mangiare. Sebbene l'atto di afferrare il cibo fosse identico nelle due condizioni, alcuni neuroni aumentavano selettivamente la loro scarica durante l'afferramento-per-poi-mangiare, mentre altri aumentavano la scarica durante l'afferramento-per-poi-riporre. Questo dato indica che il sistema motorio non costruisce un'azione complessa giustapponendo i singoli atti motori di volta in volta: l'atto di raggiungere il cibo, poi l'atto di prenderlo, e infine l'atto di portarlo alla bocca o nel contenitore. Viceversa, indica che le varie sequenze di atti che compongono l'azione complessa siano già concatenate. Gli stessi neuroni testati durante l'*esecuzione* di questo test da parte della scimmia, venivano successivamente testati facendo *osservare* alla scimmia i due tipi di azione. Alcuni neuroni si sono rivelati essere neuroni specchio, rispondendo esattamente allo stesso modo anche durante l'osservazione: quando la scimmia sapeva che il cibo sarebbe stato portato alla bocca dal ricercatore, i neuroni selettivi per l'afferramento-per-poi-mangiare aumentavano la loro scarica, mentre quando la scimmia sapeva che il ricercatore avrebbe riposto il cibo nel contenitore, aumentava la scarica dei neuroni selettivi per l'afferramento-per-poi-riporre. Pochi anni dopo, in uno studio condotta da Luca Bonini nel laboratorio di Parma, è stato dimostrato che lo stesso effetto è presente anche nell'area premotoria ventrale F5. Possiamo allora immaginare che quando noi apprendiamo un'abilità – la danza dei test discussi sopra, o qualunque altra abilità motoria di tipo sportivo o musicale – il sistema motorio opera concatenando e saldando insieme varie parole del vocabolario motorio; quando poi l'attività in questione viene osservata in un altro individuo, l'osservazione di una parte dell'azione complessa attiva automaticamente anche gli atti successivi, fornendoci così una previsione del comportamento futuro dell'agente. Coerentemente con questa idea, gli studi sul modello animale hanno mostrato che questi neuroni sono attivi anche quando non tutta l'azione ci è visibile ma abbiamo comunque informazioni sufficienti per attivare una simulazione motoria. Immaginate di osservare una mela su un tavolo e che successivamente vi sia occlusa la visuale – ad esempio, da una persona che camminando si pone tra voi e il tavolo – proprio mentre qualcuno sta afferrando la mela. Riuscireste a capire cosa succede, anche se non tutta la scena è visibile? Nel 2001 Umiltà e colleghi hanno dimostrato che i neuroni specchio premotori rispondono all'osservazione di un'azione di afferramento anche quando la parte finale dell'azione viene occlusa da un pannello opaco, a condizione che il soggetto che osserva sappia con certezza che dietro al pannello esiste un oggetto dell'afferramento. Se dunque si presenta la mela sul tavolo, e successivamente la si nasconde dietro al pannello, il neurone specchio si attiva; se viceversa il pannello opaco viene posto davanti allo stesso tavolo vuoto, il neurone non si attiva, perché *sa* che l'azione che sta osservando non è diretta ad alcunché, cioè non ha scopo. L'idea che i meccanismi percettivi operino completando l'informazione mancante è nota da tempo agli scienziati. I casi più celebri sono quelli descritti dagli psicologi della Gestalt tra gli anni '10 e gli anni '30 in merito all'informazione visiva, mentre pochi anni dopo il filosofo francese Merleau-Ponty scriveva che «l'apparato sensoriale, quale se lo rappresenta la fisiologia moderna, non è più adatto alla funzione di trasmettitore cui la scienza classica l'aveva preposto. [...] Viceversa, il funzionamento normale deve essere inteso come un processo di integrazione in cui il testo del mondo esterno non è ricopiato, bensì costituito»[6]. Tuttavia, nessuno fino ad allora poteva sospettare che parte di quel processo ricostruttivo fosse a carico del sistema motorio. Solo nel 2004 il neuroscienziato francese Marc Jeannerod dichiarò che, senza il coinvolgimento del sistema motorio, la percezione meramente visiva fornirebbe solo una descrizione degli aspetti visibili del movimento, e non darebbe alcuna informazione su quelle componenti dell'azione che sono invece critiche per comprenderne lo scopo, e per poterla poi riprodurre. È come se il sistema visivo da solo non avesse sufficienti risorse computazionali per decodificare questi aspetti complessi dell'azione, e che questo compito venisse dunque risolto mediante il reclutamento del sistema motorio. Un fenomeno analogo, con ogni probabilità, avviene per la modalità uditiva. In uno studio del 2002, infatti, è stato dimostrato da Kohler che una parte dei neuroni specchio si attiva quando i soggetti osservano o anche soltanto ascoltano suoni caratteristici di azioni, mentre gli stessi neuroni sono invece indifferenti ad altri suoni. In altri termini, quando sentiamo bussare alla porta quello che avviene nel nostro cervello è l'attivazione di rappresentazioni motorie corrispondenti a quell'azione, come se stessimo simulando di bussare noi stessi, e questo ci permette di capire quello che sta succedendo. In realtà, non è ancora del tutto chiaro quali strade neuronali l'informazione uditiva percorra per raggiungere il sistema motorio. Infatti, la premotoria ventrale è fortemente connessa con una serie di aree del lobulo parietale inferiore, nonché con aree prefrontali, che possono offrire una ricca serie di informazioni visive e somatosensoriali, ma apparentemente non informazioni uditive.

3. *Esperienza motoria e imitazione nello sviluppo*

Una delle prime scoperte sul meccanismo specchio è che le regioni più ventrali della corteccia premotoria, tipicamente associate al controllo motorio del volto e della bocca, contengono anch'esse neuroni specchio, ma che rispecchiano le azioni compiute con la bocca. Il nostro corpo è rappresentato nel cervello in una serie di mappe caratterizzate da un'organizzazione somatotopica: regioni adiacenti della corteccia motoria controllano il movimento di segmenti corporei adiacenti. Più in particolare, le regioni più dorsali controllano gli arti inferiori, mentre le regioni centrali controllano gli arti superiori e le regioni ventrali controllano i movimenti di bocca, come se nelle aree motorie vi fosse un omuncolo sdraiato con le gambe in alto e la testa in giù. Le regioni somatosensoriali hanno una struttura simile. Questo dato è noto ai fisiologi sin dagli studi classici di stimolazione compiuti da Penfield sull'uomo, e da Woolsey sulla scimmia, e che risalgono alla metà del secolo scorso; quindi potremmo dire che da un certo punto di vista la presenza di neuroni specchio selettivi ad azioni di bocca (viste ed eseguite) è una banale conseguenza dell'organizzazione somatotopica del cervello. Da un altro punto di vista, tuttavia, l'esistenza di un meccanismo specchio per le azioni di bocca ha aperto la strada a nuove possibili interpretazioni e interrogativi che non potevano discendere dalla scoperta del meccanismo specchio per le azioni di mano. Negli esperimenti condotti durante i primissimi anni del nuovo millennio i neuroni specchio della porzione più ventrale della premotoria ventrale si attivavano durante l'esecuzione e l'osservazione di una serie di azioni di bocca che includevano azioni ingestive (come il mangiare o il bere succo di frutta) ma anche durante azioni comunicative. Questo dato fece saltare sulla sedia tutti quelli che erano a conoscenza degli studi dello psicologo americano Andrew Meltzoff sul fenomeno di imitazione neonatale. Alla fine degli anni '70, infatti, Meltzoff e Moore pubblicarono uno storico articolo su «Science», in cui dimostrarono che i neonati tra i 12 e i 21 giorni di vita hanno la tendenza a imitare automaticamente espressioni facciali prodotte da altri individui e, a quasi trent'anni di distanza, il neuroscienziato parmigiano Pier Francesco Ferrari dimostrò che il fenomeno di imitazione neonatale è presente anche nei neonati di macaco. Naturale dunque associare questi dati comportamentali alla presenza di neuroni specchio selettivi per le espressioni facciali nella premotoria ventrale. Questo fenomeno di imitazione implica che i neonati possono eguagliare automaticamente espressioni facciali osservate in altri individui con la produzione di un comportamento facciale e che dunque il meccanismo specchio abbia un ruolo particolare nello sviluppo delle capacità motorie e sociali nei neonati e nei bambini. Questi dati hanno indotto molti psicologi dello sviluppo a studiare meglio le interazioni tra imitazione, esperienza motoria, meccanismo specchio e sviluppo delle capacità cognitive nei neonati e negli infanti. Eseguire studi su neonati e infanti è tecnicamente molto difficile ma negli ultimi anni si è formata una considerevole mole di dati, per lo più ottenuti da misurazioni del tempo di sguardo, misurazioni del fattore d'anticipo nello sguardo (ad esempio, osservando se/quando lo sguardo di un neonato va a posarsi sul target di un'azione osservata, anticipando il movimento della mano dell'agente) e altre misure comportamentali, nonché da misurazioni dell'attività cerebrale per mezzo di EEG. Secondo lo psicologo cognitivo olandese Harold Bekkering i bambini imparano senz'altro tramite osservazione, ma acquisire abilità motorie aumenta incredibilmente la loro capacità di processare azioni altrui. L'apprendimento mediante pura osservazione si basa sulla capacità dei bambini di estrarre regolarità da una serie di osservazioni ripetute: i bambini aggregano informazioni a seguito di molteplici evidenze e ne estraggono pattern statistici. A sei mesi, a seconda che osservino un agente afferrare una tazza o un telefono, predicono con lo sguardo un movimento alla bocca o all'orecchio. A otto mesi estraggono dal flusso di sillabe ascoltate quotidianamente il pattern statistico di co-occorrenza tra le varie sillabe per provare a produrre possibili parole. A un anno, acquisiscono la capacità di associare nuove parole e oggetti. Tuttavia, sulla scorta del proverbio cinese che recita «se ascolto dimentico, se vedo ricordo, se faccio capisco», acquisire abilità motorie aumenta ulteriormente le loro capacità predittive e cognitive. I bambini che gattonano, ma che non camminano ancora, sono in grado di predire visivamente la tempistica della gattonata altrui meglio rispetto a quella della camminata altrui. A differenza dei bambini che invece già camminano e che sono similmente bravi in entrambi i compiti. Inoltre, i primi hanno una maggiore attività specchio quando osservano altri bambini gattonare rispetto a quando osservano bambini camminare, e l'effetto sembra addirittura correlare con la loro abilità nel gattonare. Più in generale una varietà di studi ha comprovato che gli infanti sono in grado di processare meglio azioni che sanno eseguire, confermando da un lato il nesso tra meccanismo specchio e sviluppo, e dall'altro le intuizioni classiche dello psicologo svizzero Jean Piaget secondo il quale l'esperienza motoria è fondamentale nello sviluppo cognitivo.

Che il meccanismo specchio sia implicato nell'imitazione è dimostrato da una varietà di studi che mostrano come, negli adulti, il sistema motorio sia più attivo quando osservo un'azione che dovrò successivamente imitare, rispetto a quando osservo un'azione che non dovrò imitare. Tuttavia, secondo gli psicologi dello sviluppo, l'apprendimento per imitazione in atto nei bambini non può essere spiegato solo facendo ricorso all'attività del meccanismo specchio, poiché nei bambini l'imitazione ha caratteristiche che escono fuori dal dominio del fenomeno specchio, rimandando piuttosto a una cooperazione tra meccanismi di tipo specchio e controllo cognitivo. Secondo lo stesso Meltzoff, ad esempio, i bambini non imitano tutto quello che osservano, ma imitano in maniera selettiva, lasciando dunque presumere che l'imitazione sia soggetta a un qualche tipo di controllo motivazionale. Inoltre alcuni esperimenti hanno mostrato come l'imitazione non è sempre concomitante all'azione osservata, ma spesso è eseguita molto tempo dopo l'originale, riattivando tracce mnestiche che richiedono un immagazzinamento in memoria. Inoltre i bambini sono stupiti (cioè hanno tempi di osservazione più lunghi) se osservano un'azione che viene eseguita in modo illogico, non razionale, ad esempio perché un agente impiega un pattern insensatamente lungo per raggiungere un target raggiungibile tramite un percorso diretto. Secondo alcuni ricercatori questo dato è a sostegno dell'idea che, accanto all'apprendimento per osservazione e a quello basato sull'esperienza motoria, osservando un'azione i bambini applichino anche un principio di «azione razionale» tale per cui osservando un'azione formulino aspettative ben precise sul suo sviluppo – sebbene non sia chiaro fino a che punto questo fenomeno non possa essere comunque spiegato dal fatto che un'azione irrazionale spesso viola i pattern statistici estratti dalle osservazioni precedenti. Un elemento interessante in merito al problema dell'imitazione nei bambini è dato dal fatto che l'effetto imitativo è con ogni probabilità bidirezionale: da un lato i bambini apprendono mediante imitazione, processando meglio le azioni di cui hanno esperienza motoria, dall'altro stabiliscono legami più solidi con chi li imita: in effetti prestano più attenzione e interagiscono maggiormente con chi li imita rispetto a chi passa comunque del tempo con loro senza imitarli, come dimostrato recentemente da Marshall e Meltzoff. Si tratta di un fenomeno in realtà chiaro anche negli adulti, e recentemente dimostrato anche nelle scimmie da Paukner, Ferrari e colleghi. La circolarità e reciprocità di giochi ed espressioni tra bambini e adulti è particolarmente chiara nel paradigma della *still face*, un paradigma sperimentale utilizzato per mostrare come le espressioni prodotte da bambini di poche settimane nei confronti della madre siano da intendersi come parti di un dialogo non-linguistico. Come ben descritto da Vasu Reddy nel suo libro sullo sviluppo *Cosa passa per la testa di un bambino*, se durante il dialogo di espressioni, la madre improvvisamente blocca la propria espressione facciale in un volto immobile che fissa il figlio, questi per un breve periodo alterna fasi di interruzione di ogni tipo di risposta, sconcertato, a fasi in cui riprende a sorridere alla madre e a vocalizzare, come per richiamarla al dialogo, ma alla fine scoppia a piangere. È a partire da queste forme rudimentali di imitazione e risposta che instauriamo, da adulti, comportamenti sociali più complessi.

4. *La neurobiologia dell'empatia: riconoscere il disagio degli altri*

La scoperta di un meccanismo specchio situato nelle regioni premotorie di bocca e volto potrebbe indurre il sospetto che i circuiti specchio fronto-parietali siano anche alla base della nostra capacità di comprendere le espressioni facciali emozionali degli altri; in realtà sembra improbabile che questo stesso circuito possa da solo svolgere questo compito. Sappiamo infatti che alcune espressioni socioemozionali dipendono dalla riattivazione di pattern che coinvolgono contemporaneamente il sistema muscoloscheletrico e il sistema nervoso autonomo: tra le altre cose, la produzione di espressioni facciali a valenza socioemozionale è inestricabilmente legata a modulazioni vegetative, quali le variazioni nella frequenza cardiaca, nei cicli respiratori, o nella sudorazione, che *non* sono controllate dalle aree premotorie. Inoltre, mentre le risposte socioemozionali sono azioni per lo più involontarie, viceversa le aree premotorie sono preposte al controllo volontario dei movimenti. Come abbiamo visto nel terzo capitolo, l'implementazione neurale dei comportamenti emozionali è in effetti distribuita su un vasto network che include centri corticali come l'insula e il cingolo anteriore, oltre a centri sottocorticali quali l'amigdala e l'ippocampo, ed è dunque lì che dovremmo cercare un meccanismo specchio per le espressioni facciali a valenza emozionale. Ed è lì che infatti sembra trovarsi. Sempre nel terzo capitolo abbiamo visto come la stimolazione dell'insula anteriore induca senso di nausea, vomito, nonché manifestazioni più complesse quali il rifiuto di assumere cibo e modulazioni vegetative come la brusca diminuzione della frequenza cardiaca, in effetti tipica del disgusto. Sappiamo però che il disgusto si contagia. O, meglio, sappiamo che il vomito si contagia, e sebbene il mezzo preferito del contagio resti la gastroenterite tuttavia memorabili sequenze di pellicole trash ci hanno insegnato che osservare qualcun altro vomitare può evocare, in chi osserva, un fortissimo senso di disgusto. La base scientifica di questo fenomeno è stata investigata nel 2003 da una cordata franco-italo-olandese guidata da Bruno Wicker, che ha sottoposto un gruppo di volontari a una serie di sessioni sperimentali in fMRI, durante le quali osservavano brevi filmati in cui attori si avvicinavano a un bicchiere, lo annusavano, e conseguentemente mostravano un volto disgustato, o di piacere, o neutro. I risultati mostrarono che l'osservazione del disgusto attivava una regione a cavallo tra l'insula anteriore e la zona di transizione tra insula e opercolo frontale, nonché una parte del cingolo anteriore. In una seconda parte dell'esperimento i ricercatori facevano inalare ai partecipanti odori disgustosi, o piacevoli, attraverso una mascherina da aerosol, scoprendo che la regione attivata selettivamente durante la stimolazione disgustosa era l'insula anteriore. Qualche anno dopo uno studio analogo condotto da Mbemba Jabbi nel laboratorio olandese di Christian Keysers ha confermato risultati simili utilizzando sapori anziché odori, mostrando inoltre come l'attivazione dell'insula durante l'osservazione di espressioni facciali correli con il punteggio ottenuto dal soggetto nei test neuropsicologici di valutazione dell'empatia: quanto più si è empatici, tanto più l'insula si attiva. Questi dati indicano che l'insula anteriore è attiva sia quando osserviamo che quando proviamo disgusto, mentre la stimolazione di quest'area evoca un comportamento complesso correlato al disgusto e al rifiuto del cibo: un meccanismo specchio per il disgusto. Questo dato è stato ulteriormente avvalorato dallo studio condotto nel 2003 da Krolak-Salmon su pazienti chirurgici con elettrodi intracorticali per il monitoraggio dell'epilessia localizzati nell'insula. I pazienti osservavano volti che esprimevano quattro differenti emozioni (paura, disgusto, felicità e sorpresa) più volti neutri, dovendo prestare attenzione all'espressione o, in altri casi, al sesso degli attori. Su quattro pazienti la registrazione dei potenziali evento-relati (ERP) ha mostrato come l'osservazione del disgusto evocasse, nei contatti localizzati nell'insula anteriore ventrale, risposte più forti delle altre espressioni già a 300 ms dalla presentazione se il compito prevedeva di prestare attenzione all'espressione, e 100 ms più tardi se il compito prevedeva di prestare attenzione al sesso. Le aree occipitotemporali implicate nel riconoscimento dei volti si attivavano invece in maniera aspecifica già dopo 170 ms. A sostegno dell'ipotesi di esistenza di un meccanismo specchio, in due di questi pazienti la stimolazione elettrica degli stessi contatti ha provocato una sensazione, non dolorosa ma alquanto sgradevole, che dalla gola si diffondeva alla bocca, alle labbra e al naso. Infine, Calder e colleghi hanno riportato che individui che hanno subito una lesione corticale che coinvolge l'insula hanno mostrato deficit selettivi nel riconoscimento del disgusto, e preservato riconoscimento delle altre espressioni, sia quando il test viene eseguito in modalità visiva (come in tutti i casi sopra descritti) ma anche quando il test viene eseguito in sola modalità audio, suggerendo che il meccanismo in questione non implichi solo una trasformazione visuo-motoria, ma una più generale trasformazione in formato (viscero) motorio di diverse modalità sensoriali.

Un'altra emozione negativa che sembra essere riconosciuta mediante un meccanismo specchio è il dolore. Nel 1999 Hutchison e colleghi hanno mostrato, con un raro studio di singoli neuroni su un paziente chirurgico, che una regione del cingolo si attivava sia quando il paziente osservava il chirurgo pungersi con un ago, sia quando lui stesso veniva punto, suggerendo dunque l'esistenza di un potenziale meccanismo specchio per il dolore in questa regione del cingolo. Questo dato è stato ulteriormente esplorato nei topi adattando un paradigma classico di apprendimento della paura. Nell'esperimento in questione un topo-dimostratore riceveva piccoli shock elettrici alle zampe mentre un topo-osservatore osservava gli eventi, mostrando durante l'osservazione un comportamento di *freezing* (indice di paura), nonché l'attivazione di una regione del cingolo anteriore appartenente al network del dolore. A dimostrazione del fatto che l'effetto non fosse spiegabile meramente in termini di contagio della paura, ma piuttosto mediante un apprendimento basato su una sorta di empatia per il dolore, era il fatto che la risposta sembrava maggiore quando a ricevere lo shock erano topi socialmente legati all'osservatore, come ad esempio i compagni di gabbia, piuttosto che topi estranei. La paura veniva appresa, poiché era sufficiente rimettere il topo-osservatore nella stessa gabbia il giorno dopo per suscitare lo stesso comportamento di *freezing*. Durante le sessioni di apprendimento i ricercatori notarono un aumento della sincronizzazione tra il cingolo anteriore e l'amigdala, il cui ruolo nell'apprendimento della paura è noto da tempo, suggerendo dunque che il cingolo anteriore giochi un ruolo nel fornire all'amigdala le informazioni necessarie per memorizzare l'evento osservato. Quindi l'amigdala immagazzinava il ricordo negativo, da cui l'apprendimento, non perché il soggetto avesse effettivamente avuto una cattiva esperienza, ma semplicemente perché l'aveva osservata e riconosciuta in un conspecifico tramite l'attivazione (specchio) del cingolo anteriore. Coerentemente con questa ipotesi, mostrarono anche che l'inattivazione farmacologica del cingolo anteriore durante l'apprendimento ne bloccava l'effetto, che invece era preservato se il blocco farmacologico veniva eseguito dopo l'apprendimento, cioè quando il topo tornava il secondo giorno nella gabbia: a quel punto infatti l'informazione era già stata immagazzinata nell'amigdala. Inoltre, riuscirono a identificare esattamente quali canali ionici giocano un ruolo cruciale nel processo, fornendo così una caratterizzazione del fenomeno anche a livello cellulare – una cosa che è realizzabile solo negli studi sul topo. Tirando le somme, quindi, questo studio ha dimostrato che l'apprendimento della paura avviene non solo a seguito di esperienze personali, ma anche mediante l'osservazione delle esperienze dolorose altrui, e che in questo caso sia dovuto a un meccanismo specchio in cui il dolore altrui viene mappato sulle strutture adibite al dolore provato in prima persona. L'esperienza negativa altrui, in altri termini, ci serve da lezione proprio come se l'evento negativo fosse successo a noi.

5. *Un modello per il riconoscimento del sorriso mediante simulazione*

È prevedibile che alla base del riconoscimento di espressioni emozionali positive vi sia un analogo meccanismo specchio, localizzato in un suo specifico network neuronale. Come abbiamo visto nel terzo capitolo, le aree corticali cruciali nella produzione di espressioni emozionali a valenza positiva includono la parte pregenuale del cingolo anteriore (pACC) e l'insula ventrale (un settore posteriore a quello la cui stimolazione evoca disgusto), oltre ad alcune regioni dell'opercolo frontale a esse connesse. Per quanto riguarda il cingolo anteriore, recenti meta-analisi (ovvero studi in cui si mediano insieme i risultati di molteplici esperimenti) hanno mostrato come pACC sembra essere sistematicamente attiva durante la percezione di eventi positivi, inclusa l'osservazione o l'ascolto di espressioni di felicità, laddove abbiamo visto come la stimolazione elettrica di quest'area nei pazienti possa evocare riso che, in diversi casi, è accompagnato dalla controparte emozionale di gioia. Per quanto riguarda l'insula ventrale, gli studi in questo ambito sono ancora pochi ma già interessanti. Recentemente è stato mostrato da Boucher e colleghi come i pazienti sottoposti a resezione dell'insula mostrino, rispetto a pazienti con resezioni di regioni differenti, scarse capacità di riconoscere espressioni facciali positive, quali felicità o sorpresa, e come il massimo livello di sovrapposizione delle resezioni sia proprio a livello della porzione ventrale di questa regione. La stessa regione la cui stimolazione evoca risposte affiliative nel macaco. Nel 2006 Krolak-Salmon e colleghi hanno riportato il caso di una giovane ragazza sottoposta a impianto di elettrodi profondi per il monitoraggio dell'epilessia, in cui alcuni contatti registranti erano localizzati nell'area motoria supplementare. La stimolazione di questi contatti ha evocato riso accompagnato da un senso di gioia, tanto da far dichiarare alla paziente di aver provato «una sensazione di allegria, come se stesse guardando un film di Stanlio e Ollio»; cosa ancor più interessante, mostrando alla ragazza una serie di espressioni emozionali (felicità, paura, disgusto, sorpresa e neutre) osservarono che l'espressione di felicità era in grado evocare dagli stessi contatti il potenziale evento-relato (ERP) di maggior ampiezza. Sebbene da un lato questo effetto sia senz'altro in linea con le previsioni di un meccanismo specchio per le espressioni positive, tuttavia quest'area non è parte del network emozionale – ad esempio, non è anatomicamente connessa alle altre aree citate sopra – ma è piuttosto implicata nel controllo del movimento volontario. Una possibilità da tempo discussa dai neurologi è infatti che la produzione di espressioni emozionali dipenda da due sistemi motori parzialmente indipendenti: uno involontario e propriamente emozionale, che include il cingolo anteriore, e l'altro volontario e sotto il controllo del sistema motorio e che include, oltre all'area motoria supplementare, anche le regioni premotorie ventrali che abbiamo visto essere sede di un meccanismo specchio per le azioni che coinvolgono la bocca. Un argomento classico a sostengo di una dissociazione tra controllo volontario e involontario delle emozioni è la doppia dissociazione osservata in alcuni pazienti con lesioni del sistema motorio e che mostrano un deficit nella produzione di riso a comando, ad esempio a seguito della richiesta da parte del neurologo, ma che sono comunque in grado di ridere spontaneamente se posti di fronte a contesti divertenti. Altri pazienti, con lesioni differenti, si trovano invece nella situazione opposta, non riuscendo a ridere spontaneamente ma conservando un controllo motorio tale da poter ridere a comando. Benché, come si è visto, i dati diretti in questo ambito siano ancora pochi – prevalentemente a causa del fatto che è estremamente difficile evocare espressioni emozionali genuine in un contesto di laboratorio – tuttavia un modello di come il sorriso possa essere riconosciuto mediante una simulazione di tipo specchio è stato recentemente avanzato dalla psicologa Paula Niedenthal[7]. Questo modello, basato appunto su studi in cui le emozioni vengono osservate e non prodotte, si focalizza sui possibili circuiti neuronali che sottostanno a tre differenti tipi di sorriso: affiliativo, di gioia, di dominanza. Una parte del network sarebbe comune al riconoscimento di tutti i sorrisi, mentre una serie di altre aree interverrebbe solo in presenza di determinati tipi di sorriso. Un'area che, secondo la Niedenthal, ha un ruolo centrale in ogni riconoscimento di sorriso è l'amigdala; tale ruolo è tuttavia – nonostante la moltitudine di studi a essa dedicati – tuttora abbastanza incerto. Sappiamo che l'amigdala non è solo legata al processamento della paura, come si pensava fino a poco tempo fa, ma piuttosto a un processamento più generale delle situazioni di incertezza, nonché alla loro successiva memorizzazione. L'idea per cui l'amigdala entrerebbe in gioco stimolata dal contatto visivo tra attore e osservatore ben si accorda con quanto descritto nel terzo capitolo a proposito della stimolazione dell'insula ventrale: in quel caso, infatti, la stimolazione dell'insula (fortemente connessa con l'amigdala) induceva espressioni affiliative solo se in presenza di un contatto visivo tra soggetto sperimentale e sperimentatore. Secondo il modello formulato da Paula Niedenthal, l'amigdala entrerebbe in gioco non appena veniamo posti di fronte a un sorriso da decodificare, dando il via a un processo di automatica simulazione della mimica facciale, finalizzato al riconoscimento del sorriso. L'idea che l'osservazione di espressioni emozionali attivi rapidamente un'automatica mimica facciale (*facial mimicry*) nell'osservatore, entro 500 ms dall'inizio, è comprovata dal fatto che osservando espressioni emozionali è possibile registrare una minima seppur sistematica attivazione della muscolatura facciale corrispondente, vale a dire un'attivazione del muscolo zigomatico quando osserviamo un volto sorridente e un'attivazione del corrugatore quando osserviamo un volto triste. Si ricorderà che, stando alla teoria del feedback facciale presentata nel terzo capitolo, la mera produzione di un'espressione emozionale è in grado di riattivare a sua volta l'esperienza emozionale corrispondente – ragion per cui il fenomeno di *facial mimicry* sarebbe sufficiente per evocare, nell'osservatore, una traccia dell'emozione osservata. Nel modello questo ruolo viene attribuito a meccanismi specchio *premotori*. Accanto a questo circuito di base, comune ai diversi tipi di sorriso, vi sono alcune aree che invece entrano in gioco solamente in determinate condizioni. Ad esempio, sempre secondo il modello, il sorriso affiliativo recluterebbe alcune aree appartenenti al cosiddetto circuito della ricompensa, inclusi i gangli della base e la corteccia orbitofrontale (quella del marcatore somatico di Damasio): infatti, il sorriso affiliativo genera una forma di ricompensa sociale, ed è stato dimostrato che la corteccia orbitofrontale si attiva quando una madre vede un neonato sorridere, e che la risposta è più forte se a produrre il sorriso è il proprio figlio. Viceversa, determinate aree prefrontali si attiverebbero solo durante l'osservazione di un sorriso di dominanza.

Il modello, tuttavia, è ancora in parte da dimostrare, e alcune assunzioni sono state oggetto di discussione. La prima riguarda il ruolo del contatto visivo come elemento scatenante il processo di simulazione: è stato dimostrato che il contatto visivo rende più rapido il riconoscimento di espressioni che suscitano approccio o fuga (volti felici o rabbiosi), attivando maggiormente l'amigdala, rispetto a quando le stesse espressioni vengono presentate con uno sguardo laterale. Tuttavia, quando osserviamo un'espressione di paura l'effetto si capovolge: rispetto a un volto spaventato che ci fissa, lo sguardo laterale rende l'espressione più facilmente riconoscibile, e attiva di più l'amigdala. La ragione sarebbe di tipo evolutivo: è più rilevante un'espressione di felicità o di rabbia, se chi la produce si rivolge a noi – ma è più rilevante un'espressione di paura se chi la produce ha visto qualcosa di terribile e minaccioso che noi non abbiamo ancora notato. Conseguentemente, l'idea che il processo di simulazione dipenda sempre dal contatto visivo rilevato dall'amigdala sarebbe discutibile. Un secondo problema dipende dal fatto che il modello prevede che la parte produttiva delle espressioni emozionali, nonché potenziale sede di un meccanismo specchio per il sorriso, sia il sistema premotorio ventrale che include l'opercolo frontale. L'opercolo frontale è infatti attivo durante l'osservazione di espressioni emozionali in diversi studi di neuroimmagini, ma sembra prevalentemente funzionale alla produzione *volontaria* di espressioni: quest'area è particolarmente attiva durante l'imitazione volontaria di espressioni, mentre la sua lesione dà luogo alla doppia dissociazione tra sorriso volontario e involontario già citata sopra: pazienti con lesioni che coinvolgono l'opercolo frontale hanno deficit nella produzione volontaria di espressioni, ma non nella produzione spontanea. Viceversa, il modello esclude una serie di altre aree, quali il cingolo anteriore, che sono più probabilmente coinvolte nel network emozionale.

Individuare tutti i diversi meccanismi anatomici alla base del riconoscimento del sorriso non è un esercizio di stile. È invece fondamentale per stabilire il ruolo giocato della simulazione nell'interazione sociale. L'attivazione dell'opercolo frontale (network motorio volontario) potrebbe indicare un processo di programmazione automatica dell'azione osservata, cioè un'imitazione dell'espressione altrui indipendentemente dal suo significato socio-emozionale. In altri termini, questo meccanismo potrebbe rappresentare una strategia che adottiamo automaticamente per decodificare espressioni di dubbio significato: la *facial mimicry* non è sempre necessaria per riconoscere le emozioni durante compiti semplici ma facilita il riconoscimento nelle situazioni di difficile interpretazione, e sebbene impedire la *mimicry* non influenzi l'accuratezza nella categorizzazione di espressioni, tuttavia ne influenza la velocità. Viceversa, l'attivazione del cingolo (network emozionale) durante l'osservazione di espressioni facciali potrebbe indicare una simulazione automatica e diretta delle emozioni altrui, che tiene conto degli aspetti affettivi e motivazionali attributi a quest'area: osservare qualcuno che ride facilita la produzione della stessa espressione nell'osservatore, aumentando la probabilità che l'emozione si contagi. In conclusione, al di là dei vari dettagli della proposta, che sono ancora oggetto di discussione aperta, la proposta di Niedenthal rappresenta senz'altro un esemplare modello sistematico di proposta *embodied* per spiegare un comportamento complesso come la comprensione delle espressioni facciali.

6. *Le basi biologiche dell'empatia?*

Le scoperte scientifiche discusse fino a ora hanno riaperto un dibattito che sembrava essere stato sepolto nella storia della filosofia, ma che si mostra invece oggi nella sua grande attualità. L'idea che la comprensione di quanto gli altri fanno e provano si fondi su una simulazione mentale è un'idea che è stata suggerita da una lunga lista di pensatori nel diciottesimo secolo (Hume, Smith, Kant), nel diciannovesimo secolo (Lipps, Dilthey, Nietzsche), e nel ventesimo secolo (Quine, Gordon, Goldman). Indubbiamente, fu il filosofo e psicologo tedesco Theodor Lipps a rendere questa idea popolare e ad associare l'idea di una simulazione, o imitazione automatica, al concetto di empatia. Secondo Lipps, la nostra capacità di conoscere e comprendere altri individui è una capacità *sui generis* che non assomiglia a nessun'altra modalità di conoscenza. Quando osserviamo un altro individuo, dice Lipps, abbiamo una tendenza automatica a riprodurre i suoi gesti, e a generare in noi sentimenti simili. A questa imitazione automatica, che Lipps considera una sorta di istinto dell'empatia, segue un secondo processo, ovvero la proiezione degli stati mentali evocati dall'imitazione all'individuo osservato. Questo «processo duale» (imitazione/proiezione) è estremamente vicino ad alcuni indirizzi contemporanei. Il riferimento più diretto è la contemporanea Teoria della Simulazione formulata dal filosofo Alvin Goldman, il quale ha fornito una sorta di versione computazional-rappresentazionale della teoria di Lipps, per contrastare la teoria dominante secondo la quale la comprensione interindividuale è fondata sul possesso di una teoria psicologica della mente, e sul ragionamento inferenziale. Goldman replica che per comprendere stati mentali, intenzioni ed emozioni altrui normalmente non teorizziamo sulla mente degli altri, ma ci mettiamo nei loro panni. Nel suo monumentale libro *Simulating Minds* spiega con dovizia di particolari quali sono i processi mentali implicati sulla simulazione, e come la simulazione sembri spiegare meglio di ogni altra teoria i numerosi ritrovati della letteratura psicologica e neuroscientifica. A differenza di Lipps, tuttavia, Goldman non sembra convinto della necessità che il processo di simulazione sia sempre automatico e anzi ritiene che in molti casi la simulazione sia piuttosto volontaria ed esplicita, rendendo però la sua teoria pericolosamente cognitiva. Contemporaneamente, la teoria della simulazione appoggia appieno l'idea di Lipps che il processo debba essere completato da una fase di proiezione, cioè di attribuzione di stati mentali all'altro individuo.

La fase di proiezione prevista dalla teoria di Lipps è stato il bersaglio condiviso di importanti critiche mosse da pilastri della tradizione fenomenologica quali Max Scheler, Edith Stein ed Edmund Husserl, e le riserve che questi filosofi hanno mosso a Lipps sono state recentemente riprese da alcuni fenomenologi contemporanei come Gallagher e Zahavi per criticare l'idea che il concetto di simulazione sia un buon candidato su cui fondare una teoria scientifica e filosofica dell'intersoggettività. Secondo Max Scheler noi non imitiamo i dolori dell'altro, quanto piuttosto li percepiamo direttamente. Imitare implicherebbe infatti l'idea che noi non possiamo mai sentire ciò che realmente prova l'altro, ma solo cosa noi proveremmo se ci trovassimo in quella situazione, venendo così «rinchiusi nella prigione delle nostre esperienze»[8]. Secondo il filosofo tedesco infatti una caratteristica della compassione è il fatto di «patire il dolore dell'altro in quanto è di quest'altro. In nessun caso è in questione una qualsiasi specie di unipatia o identificazione con l'altro»[9].

In altri termini, un elemento intrinseco della compassione è il fatto che il dolore che osserviamo non sia il nostro, cioè la compassione implica l'esistenza di un altro individuo, mentre durante l'osservazione del dolore altrui il suo stato emozionale viene «compatito» senza diventare una nostra esperienza reale. Questa obiezione è stata indipendentemente sollevata anche dal filosofo del linguaggio Gilbert Ryle, il quale vedeva un passaggio ingiustificato nell'ipotesi per cui l'osservazione del comportamento altrui dà inizio a un processo interpretativo a ritroso. Secondo Ryle, i nostri tentativi di comprendere tramite una simulazione il pensiero, ad esempio, di Platone sono destinati a fallire:

> In fin dei conti io sono un inglese che studia Platone nel XX secolo, cosa che Platone non è mai stato. La cultura, l'istruzione, il linguaggio, le abitudini, gli interessi che io ho sono diversi dai suoi e questo compromette la fedeltà della mia imitazione del suo stato mentale, e quindi il successo dei miei tentativi di comprendere Platone[10].

Inoltre, lo stesso Ryle sembra addirittura attaccare una versione ancora più radicale di simulazione, quando sostiene che

> si può dire che [le menti] risuonino in armonia tra loro come dei diapason, anche se purtroppo esse non verranno mai a conoscenza di questo fatto. Io non posso condividere le vostre esperienze in maniera letterale, ma alcune delle esperienze che voi e io facciamo possono in qualche modo suonare all'unisono – malgrado non se ne possa essere consapevoli –, e farlo in modo che corrisponde quasi a un'autentica comunione. Nei casi più fortunati possiamo assomigliare a due uomini incurabilmente sordi, che cantano insieme intonati a tempo[11].

L'idea di Ryle è che impostare il problema della conoscenza degli stati mentali altrui in termini di imitazione, inferenza, o qualunque altro processo, rischia di suggerire che il comportamento sia causato da meccaniche interne inosservabili, ma la cui esistenza possa essere inferita tramite una «rabdomanzia inverificabile». In altri termini, l'idea che le nostre azioni debbano essere considerate come il frutto di un invisibile «spirito nella macchina»: i desideri, le intenzioni, gli scopi, che utilizziamo per spiegare le nostre azioni non sono le *cause* inosservabili del comportamento, ma le *spiegazioni* di quel comportamento. Analogamente, in un passaggio della *Fenomenologia della percezione* Merleau-Ponty sembra sostenere un'accusa simile: «lo spettatore non cerca in se stesso e nella sua esperienza intima il senso dei gesti di cui è testimone. Prendiamo un gesto di collera o di minaccia: per comprenderlo, io non ho bisogno di ricordare i sentimenti che ho provato quando eseguivo per conto mio i medesimi gesti»[12]. Il vero obiettivo della sua invettiva viene chiaramente svelato poche righe sotto: «Il gesto non mi "fa pensare" alla collera ma è la collera stessa». L'obiettivo principale di queste critiche, quindi, riguarda l'idea che la comprensione altrui avvenga tramite un processo volto a scoprire gli stati mentali interni inosservabili che stanno a monte del comportamento osservato.

Una riformulazione della simulazione compatibile con la visione di Lipps, ma al contempo sensibile alle osservazioni dei fenomenologi, è offerta dalla teoria dell'*embodied simulation*, formulata dal neuroscienziato parmigiano Vittorio Gallese a partire dalle scoperte sul sistema motorio discusse in questo capitolo. Il nome *embodied simulation* evidenzia già una commistione tra il concetto di simulazione, intesa come euristica della comprensione interindividuale, e il concetto di *embodiment*, a evidenziare la connotazione corporea e sensorimotoria di questo processo. Secondo Vittorio Gallese, infatti, la simulazione è un processo automatico, preriflessivo e pervasivo, che può essere definito a molteplici livelli di analisi. A un livello sub-personale dei processi neurali l'*embodied simulation* è supportata dal ruolo dei vari meccanismi specchio distribuiti nelle differenti aree sensorimotorie, e che mappano le azioni, sensazioni, ed emozioni altrui sul corrispondente substrato neurale sviluppatosi per il controllo motorio e l'esperienza in prima persona. L'architettura sottostante tutti i meccanismi specchio, al netto dei dettagli neurofisiologici, permette di caratterizzare questa teoria a un livello funzionale. Infine, a un livello fenomenologico, l'*embodied simulation* si manifesta come quell'istinto empatico al quale accennava Lipps, e altri fenomenologi dopo di lui, cioè quella particolare modalità conoscitiva che concerne la dimensione intersoggettiva e che non richiede un esplicito sforzo conoscitivo. L'*embodied simulation* sposa dunque il carattere automatico dell'imitazione prevista della teoria classica di Lipps, ma non è soggetta al vincolo di un processo proiettivo in cui gli stati simulati vengono attribuiti cognitivamente a un altro individuo (un processo che, come abbiamo visto, è invece sposato dalla teoria della simulazione di Goldman). Secondo lo stesso Vittorio Gallese, infatti, fenomeni come l'imitazione neonatale mostrano che

> i legami e le relazioni interpersonali sono stabiliti all'esordio della vita, quando non è ancora disponibile alcuna rappresentazione soggettiva del mondo, per il semplice motivo che il soggetto cosciente dell'esperienza non si è ancora costituito. L'assenza di un soggetto autocosciente non preclude, tuttavia, la costituzione di uno spazio primitivo «sé/altro», caratterizzando così una forma paradossale d'intersoggettività priva di soggetto[13].

In questo senso, non vi è alcun processo proiettivo poiché la partita dell'intersoggettività è interamente giocata all'interno di uno spazio non egocentrico bensì «noi-centrico», che ognuno di noi condivide con gli altri individui che popolano il mondo. Inoltre, sottoscrivendo una teoria motoria delle emozioni (tale per cui esperienza ed emozione non sono l'uno l'effetto dell'altra) e una teoria dell'intenzionalità motoria (in cui gesto e senso di quel gesto sono inestricabilmente legati), l'*embodied simulation* non postula, nell'agente, cause interne inosservabili che l'osservatore deve indovinare tramite una «rabdomanzia inverificabile», per usare l'espressione di Ryle, ma si trova piuttosto nella situazione descritta da Merleau-Ponty: «io non percepisco l'altro come comportamento, per esempio percepisco il cordoglio o la collera dell'altro nella sua condotta, sul suo volto e sulle sue mani, senza riferimento a una esperienza "interna" della sofferenza o della collera»[14].

7. *Empatia, simpatia, condivisione e contagio emozionale*

Una classica e un po' frettolosa conseguenza che tipicamente segue la scoperta che il meccanismo specchio ci permette di rispecchiare le emozioni altrui è la seguente: se quando osserviamo il dolore altrui una parte della corteccia del cingolo si attiva, come se stessimo soffrendo noi stessi, allora questo indica che noi siamo naturalmente inclini a condividere con gli altri i loro dolori, ovvero che siamo spontaneamente portati a non nuocere all'altro. Ma è vero che l'essere equipaggiati di questi meccanismi implichi che siamo naturalmente propensi alla compassione e alla ricerca del benessere altrui? Assolutamente no.

Una distinzione dovuta è quella che intercorre tra il concetto di empatia, spesso utilizzato dagli scienziati cognitivi, e concetti simili quali quello di simpatia, imitazione o contagio emozionale. Ancora una volta il punto di partenza riguarda il pensiero dei filosofi appartenenti alla tradizione fenomenologica, i quali hanno distinto differenti concetti relativi alle basi dell'intersoggettività. Immaginiamo i seguenti scenari. Tornando a casa la sera notiamo che i nostri figli ridono e sono contenti. Come abbiamo visto poco sopra, questo tipo di riconoscimento è considerato, da Lipps in poi, una modalità conoscitiva particolare, differente da quella derivata dall'osservazione di un oggetto sul tavolo. Attribuiamo per comodità a questa forma di conoscenza il nome di «empatia». Il secondo scenario è apparentemente simile ma in realtà differente: tornando a casa notiamo che i nostri figli ridono e sono contenti, *e questo ci rende contenti*. Confrontatelo con il caso in cui capire che i bambini sono felici vi lasci del tutto indifferenti. In altri termini, è possibile che alla comprensione degli stati mentali altrui (l'empatia) si aggiunga anche un interesse, o una preoccupazione, per gli altri. Questa seconda situazione è stata storicamente associata al concetto di «simpatia», un concetto che ha giocato un ruolo fondamentale nelle teorie morali dei filosofi sentimentalisti inglesi del XVIII secolo. Un terzo scenario riguarda invece la «condivisione emozionale», in cui – sempre seguendo il nostro esempio – stiamo guardando un film divertente insieme ai nostri figli e *ridiamo insieme a loro per quello che avviene nel film*. In questo caso, sia noi che loro proviamo un divertimento personale, sprigionato però da uno stesso unico oggetto: il film che tutti stiamo guardando. Infine, un quarto e ultimo scenario è quello del «contagio emozionale». Nel contagio emozionale chi osserva può, ad esempio, entrare a casa e vedere i figli ridere e, *senza sapere per quale motivo stanno ridendo*, iniziare a ridere lui stesso. Si tratta di una situazione abbastanza frequente, così come lo è quella della paura; immaginate che le persone che sono con voi inizino a urlare terrificate: anche se non avete compreso le loro ragioni, questo automaticamente vi spaventerà. Non solo capite che gli altri hanno paura (empatia) e che questo (se non siete dei sadici) vi dispiace, ma nel caso del contagio emozionale siete voi stessi che avete paura – anche se non avete ancora capito qual è il pericolo. Nei casi di contagio, a differenza di quelli relativi alla condivisione emozionale, non sembra esistere un oggetto al quale la nostra emozione, contagiata, è diretta. In conclusione, è evidente come sia opportuno fare un'analisi concettuale sulla base della nostra esperienza quotidiana, e solo successivamente porsi quesiti relativamente alle basi neurali dei differenti stati mentali. Naturalmente, tuttavia, il fatto che sia possibile operare una distinzione concettuale tra questi eventi non implica che i confini tra le situazioni non siano in larga parte sfumati, vaghi, e che quindi meccanismi psicologici e neurali alla base di questi eventi non siano in larga parte convergenti. Ad esempio è possibile, e anzi probabile, che osservare un comportamento quale il riso crei in noi un'atmosfera che ci predispone al riso (contagio emozionale), rendendo la successiva identificazione della causa del nostro riso nient'altro che un'attribuzione *post hoc* – dando luogo così a un fenomeno di condivisione emozionale.

NOTE AL CAPITOLO QUARTO

[1] Per un'introduzione specifica sui neuroni specchio vedi G. Rizzolatti e C. Sinigaglia, *So quello che fai. Il cervello che agisce e i neuroni specchio*, Milano, Cortina, 2006.

[2] M. Merleau-Ponty, *Fenomenologia della percezione* (1945), Mila-

no, Bompiani, 2003, p. 165.

[3] J. McDowell, *Mente e mondo*, Torino, Einaudi, 1999, p. 96.

[4] A.M. Borghi e F. Caruana, *Cognizione sociale*, in «Sistemi intelligenti», 2, 2011.

[5] Il lobulo parietale inferiore (IPL, *Inferior Parietal Lobule*) è una parte del lobo parietale che, fino a poco tempo fa, i fisiologi consideravano un'area associativa. Solo in tempi recenti si è scoperto che il lobo parietale è un mosaico di regioni connesse bidirezionalmente alla regione della corteccia premotoria – formando così una serie di network che operano in parallelo a cavallo tra sistema motorio e lobo parietale. Inoltre, è stato mostrato come molti neuroni del lobulo parietale inferiore hanno proprietà funzionali del tutto simili a quelle dei neuroni premotori. Per questo motivo è stato sostenuto che il lobulo parietale inferiore, se non buona parte del lobo parietale, dovrebbe essere considerato a pieno titolo parte del sistema motorio.

[6] Merleau-Ponty, *Fenomenologia della percezione*, cit., p. 41.

[7] P.M. Niedenthal, M. Mermillod, M. Maringer e U. Hess, *The Simulation of Smiles (SIMS) model: Embodied simulation and the meaning of facial expression*, in «Behavioral and Brain Sciences», 33, 6, 2010, pp. 417-433.

[8] M. Scheler, *Essenza e forme della simpatia* (1923), Milano, Angeli, 2010.

[9] *Ibidem*.

[10] G. Ryle, *Il concetto di mente* (1949), Roma-Bari, Laterza, 2007, p. 52.

[11] *Ibidem*, pp. 52-53.

[12] Merleau-Ponty, *Fenomenologia della percezione*, cit., p. 255.

[13] V. Gallese, *La molteplice natura delle relazioni interpersonali: la ricerca di un comune meccanismo neurofisiologico*, in «Networks», 1, 2003, pp. 24-27.

[14] Merleau-Ponty, *Fenomenologia della percezione*, cit., p. 461.

CAPITOLO QUINTO

LINGUAGGIO COME AZIONE

Le parole sono tutto quello che abbiamo.
Samuel Beckett

1. *Due parole sullo sviluppo*

Questo capitolo non si concentra sullo sviluppo del linguaggio, anche se entrambi gli autori sono convinti che, per capirlo appieno, sia fondamentale comprendere come un sistema si sviluppa nel tempo. Quanto diremo dello sviluppo linguistico e dell'*embodiment* è del tutto insufficiente – si tratta di un tema tanto vasto che richiederebbe una trattazione a sé. Però ci pare importante cominciare da qui, per segnalare quanto sia cruciale esaminare il linguaggio a partire dall'ontogenesi. Sullo sviluppo del linguaggio vogliamo ricordare soltanto, e assai brevemente, due approcci differenti ma a nostro avviso complementari per accostarsi a questo tema adottando una prospettiva *embodied*. Il primo filone di ricerca è esemplificato dal lavoro della psicologa statunitense Linda Smith. L'autrice si è soffermata sulla relazione tra parole e loro referenti usando parole nuove inventate, come «dax», e dimostrando in numerosi esperimenti con paradigmi ingegnosi ed ecologici come l'apprendimento linguistico coinvolga profondamente il corpo. Come facciamo, come fanno i bambini a imparare a collegare una data parola a un referente, dato che la parola viene inizialmente pronunciata in presenza di molti referenti possibili? Si tratta di un problema ampiamente discusso dal filosofo Willard Van Orman Quine negli anni '60, che viene affrontato dalla Smith in modo sperimentale, realizzando studi concentrati sul cosiddetto «apprendimento statistico». Cerchiamo di comprenderne la dinamica. I bambini di 12-14 mesi e gli adulti fanno esperienza di una parola, ad esempio «ciuccio», in contesti assai differenti. La nostra specie si caratterizza per la sofisticata abilità di tenere traccia di queste diverse occorrenze della parola che ci consentono, nel tempo, di inferire qual è il referente della parola «ciuccio». Le parole verrebbero quindi acquisite mettendole in relazione con i loro referenti, grazie a un processo associativo. Più gli oggetti sono percettivamente salienti, più catturano l'attenzione. Per esempio, gli studi sulla cosiddetta «predilezione per la forma», o *shape bias*, indicano che i bambini di cultura occidentale tendono a estendere i nomi nuovi a oggetti simili per forma, e non per colore o tessitura. La predilezione per la forma è particolarmente saliente in virtù del fatto che non riguarda soltanto la visione, ma anche l'interazione con gli oggetti. Fin qui, sembrerebbe che neonati e bambini siano recettori passivi di informazione percettivamente saliente. Le ricerche di Yu e Smith[1], condotte ad esempio registrando i movimenti oculari dei bambini in movimento, indicano che non è così: i bambini si muovono attivamente nell'ambiente, e per ridurre l'ambiguità dell'attribuzione della parola al referente avvicinano gli oggetti per poterli esaminare meglio. Usano i movimenti oculari, il movimento della testa, le mani per afferrare gli oggetti e osservarli dettagliatamente. Linda Smith usa il concetto di *embodied selective attention*, ovvero «attenzione selettiva incarnata», a indicare il fatto che i bambini imparano a parlare grazie a un processo di attenzione selettiva che coinvolge tutto il corpo e guida il movimento. Se la Smith, con un approccio profondamente empirista, enfatizza l'importanza del corpo e del movimento per l'acquisizione delle parole, lo psicologo Michael Tomasello ne mette in luce un aspetto complementare e altrettanto importante, ovvero quello della dimensione sociale. Secondo la teoria sociale-pragmatica dell'acquisizione del linguaggio proposta da Tomasello (vedi ad esempio Akhtar e Tomasello 2000)[2], l'acquisizione del linguaggio è un fenomeno intrinsecamente sociale, che presuppone la capacità dei bambini di avviare relazioni di azione condivisa con gli adulti. Già da molto presto, i piccoli della nostra specie beneficiano di una varietà di capacità extralinguistiche, che li guidano nell'acquisizione del linguaggio. A 9 mesi i neonati possiedono la capacità di capire che gli altri individui hanno obiettivi, e a 14 mesi quella di predire le intenzioni altrui e il loro effetto. Per quanto sofisticata, questa capacità predittiva non sarebbe tuttavia il tratto distintivo che contraddistingue i cuccioli umani. Quello che davvero qualifica i bambini della nostra specie, rispetto ai cuccioli di altre specie, è la capacità di essere coinvolti in azioni collaborative con gli altri. E il linguaggio rappresenta un segno chiarissimo di questo carattere intrinsecamente sociale che manifesta la nostra specie. Parafrasando Tomasello, cos'altro è il linguaggio se non un insieme di mezzi di coordinazione per direzionare l'attenzione degli altri? Due parole sullo sviluppo, dunque: esistono diversi approcci, entrambi riconducibili all'ombrello teorico dell'*embodied cognition*, apparentemente diversi ma a nostro avviso facilmente conciliabili, che mostrano come percezione, azione e socialità siano le parole chiave che guidano i nostri processi di acquisizione linguistica. Si tratta, in fondo, proprio delle linee direttive di questo volume...

2. *Linguaggio e sistema sensorimotorio*

Che succede quando ascoltiamo una parola, la leggiamo, la produciamo? Se sentiamo qualcuno che ci dice «apri la finestra», che cosa succede nel nostro cervello? Nell'indagare il linguaggio, è possibile partire da due diverse concezioni. La prima è sintetizzata dalla teoria proposizionale classica, secondo la quale l'elaborazione di parole differisce radicalmente da quella degli oggetti. Secondo questa concezione, le parole sono connesse solo in modo arbitrario ai loro referenti, e il loro significato è rappresentato in termini proposizionali, e deriva dalla traduzione dell'esperienza in simboli amodali e astratti. Ne consegue che la comprensione e produzione del linguaggio non passa attraverso l'attivazione dei sistemi sensoriale e motorio. Se questa è la teoria tradizionale sul significato delle parole, molto popolare negli anni in cui l'approccio cognitivista dominava incontrastato, ne sono state proposte abbastanza di recente versioni ammodernate. Una è quella suggerita dalle teorie distribuzionali del significato, secondo cui il significato delle parole è dato dalla rete semantica delle parole a essa associate. Secondo gli scienziati cognitivi Thomas Landauer e Susan Dumais, ad esempio, capiremmo che cosa significa «finestra» perché si attiverebbero nella nostra mente le parole «vetro», «legno», «casa», «porta», e via di seguito. È chiaro che, se il significato consiste in associazioni verbali, non v'è ragione per cui si debba chiamare in causa il referente delle parole, né vi è ragione per cui le parole debbano attivare il sistema sensoriale e motorio.

Nelle pagine che seguono cercheremo di concentrarci e di porre al vaglio una teoria alternativa a quella tradizionale, anche se potenzialmente conciliabile con la sua versione ammodernata. Una nozione chiave secondo le teorie *embodied* è quella di «simulazione». Secondo il neuroscienziato italiano Vittorio Gallese, padre della teoria dell'*embodied simulation*, l'ascolto di verbi o frasi d'azione indurrebbe nell'ascoltatore l'attivazione dei programmi motori relativi all'azione corrispondente, evocando dunque una simulazione sensorimotoria di quell'azione – come se la spiegazione ultima del significato del linguaggio si riducesse non a una spiegazione ma a un atto pratico. Tra le teorie *embodied* del linguaggio rientrano, tra le altre, la teoria indessicale degli psicologi americani Arthur Glenberg e David Robertson, la teoria dell'esperienza immersiva dello psicologo olandese Rolf Zwaan, e la teoria del «linguaggio basato sull'azione», o *Action-Based Language* (ABL), proposta da Arthur Glenberg e Vittorio Gallese nel 2012[3]. La proposta di Gallese e Lakoff secondo cui i concetti consistono in pattern multimodali di attivazione neurale, e quella di Barsalou relativa ai simboli percettivi, benché influenti, sono solo indirettamente rilevanti, perché più incentrate sui concetti. Le ritroveremo infatti nel prossimo capitolo.

La teoria indessicale elaborata da Glenberg e Robertson propone che le parole rimandino ai loro referenti nel mondo evocando le informazioni percettive e motorie che li caratterizzano. Supponiamo di leggere una frase un po' anomala come «Lui spazza il pavimento con uno spazzolino da denti». Per comprenderla dobbiamo riferirci ai referenti delle parole, che secondo gli autori sono rappresentati in termini di simboli percettivi. Dai referenti delle parole derivano *affordance* che vengono combinate per comprendere il senso della frase – in un caso come questo la frase è strana ma dotata di senso, dato che le *affordance* dello spazzolino sono compatibili con l'azione dello spazzare. In contrasto con le teorie distribuzionali del significato, secondo questa teoria il significato delle parole non deriva dalle associazioni tra parole e dalla loro frequenza, ma è vincolato dalle *affordance* delle parole che compongono le frasi. Così, a parità di forza associativa tra i diversi componenti di due frasi, viene elaborata prima quella le cui *affordance* sono più compatibili con l'azione da compiere: è il caso di «comprò un giornale per coprirsi la faccia», che porta a tempi di processamento più veloci rispetto a «comprò una scatola di fiammiferi per coprirsi la faccia». Con uno spirito simile, la teoria dell'esperienza immersiva di Rolf Zwaan propone che il processo di comprensione porti a un'esperienza vicaria tale per cui l'input linguistico attiverebbe tracce di esperienze sensorimotorie che verrebbero integrate consentendo così la comprensione. La proposta più recente in favore di un «forte *embodiment*» è la teoria del linguaggio basato sull'azione (ABL) proposta da Arthur Glenberg e Vittorio Gallese nel 2012. Questa teoria, ispirata alla celebre teoria del controllo motorio del neuroscienziato computazionale Daniel Wolpert, propone che quando comprendiamo il linguaggio formiamo delle predizioni degli effetti che possono conseguire a una nostra azione. Immaginiamo di sentire il comando «corri»: il sistema motorio (presumibilmente in virtù del meccanismo *mirror* in esso localizzato) genererebbe comandi motori grazie all'azione di uno specifico controllore motorio, e un meccanismo di predizione genererebbe le possibili conseguenze dell'azione. Come si può capire chiaramente, questa teoria è più radicale sia rispetto alla teoria indessicale che a quella dell'esperienza immersiva, in quanto sottolinea in modo marcato l'importanza del sistema motorio e ascrive alla simulazione una funzione predittiva. La simulazione non ci serve solo a riattivare le esperienze sensorimotorie precedenti. Comprendere il linguaggio ci aiuta così a comprendere le conseguenze delle nostre azioni, per pianificarle – ci dice che succederà, e che fare.

3. *Quindici anni di evidenze su «embodiment» e linguaggio*

Le teorie *embodied* del significato sono state sostenute negli ultimi quindici anni da numerose e variegate evidenze. Rimandiamo ad altri testi per rassegne più ampie; qui ci limitiamo a illustrare brevemente alcuni degli effetti più noti, replicati in diversi laboratori, con diversi materiali, e diverse tecniche. Partiamo da evidenze ottenute da studi condotti sui bambini, focalizzate sul cosiddetto effetto di facilitazione dato dall'indice di interazione corpo-oggetto, o *Body-Object Interaction* (BOI) indagato dagli psicologi canadesi Penny Pexman, Paul Siakaluk e colleghi. In una varietà di studi condotti su adulti e bambini, impiegando compiti diversi che includono test di categorizzazione, di decisione lessicale, o compiti per testare l'abilità di lettura, è stato mostrato che, a partire dai 6-7 anni, le parole che implicano una maggiore interazione con il corpo (per esempio «maschera», «cintura», «banco») sono processate più rapidamente di quelle che hanno un indice BOI più basso (per esempio «tetto», «nave», «cervello», «nuvola»). Questi risultati confermano che gli aspetti motori rappresentano una componente fondamentale delle nostre rappresentazioni semantiche.

Uno tra gli effetti più noti che dimostrano la stretta interazione tra linguaggio e sistema motorio è l'effetto ACE (*Action Sentence Compatibility Effect*). Si immagini di dover giudicare se una frase è sensata o meno spingendo un tasto per premere il quale occorre compiere un movimento di avvicinamento o allontanamento dal corpo. I risultati ottenuti dagli psicologi Art Glenberg e Mike Kaschak indicano che si risponde più velocemente a frasi come «aprire il cassetto» con un movimento di avvicinamento al corpo, e a frasi come «chiudere il cassetto» con un movimento di allontanamento. L'effetto ACE, che è stato replicato in molti laboratori, tra cui quello di Anna Borghi, in una varietà di condizioni – usando parole anziché frasi, frasi concrete e astratte, movimenti di avvicinamento e allontanamento o movimenti verso l'alto e verso il basso, registrando i tempi di risposta, i tempi di movimento e anche indicatori cinematici – dimostra che la comprensione del linguaggio passa attraverso il coinvolgimento del sistema motorio. Un altro effetto replicato con più tecniche, compiti lievemente differenti e in più laboratori è l'effetto di cambio di modalità (*modality switch*) descritto da Diane Pecher e colleghi. Ai partecipanti veniva richiesto di verificare se alcune proprietà fossero vere o meno per un oggetto/entità: per esempio, la proprietà «rumoroso» per «frullatore» è vera, mentre la proprietà «liquido» non lo è. Le proprietà potevano essere tattili, visive, motorie, uditive, e così via. L'effetto di *modality switch* consiste in un rallentamento dei tempi di risposta quando dobbiamo cambiare modalità: ad esempio, dopo aver verificato la proprietà acustica «rumoroso» per «frullatore» siamo facilitati a rispondere che «frusciante» è una proprietà di «foglie», dato che si tratta di una proprietà acustica, mentre siamo più lenti nel rispondere che «gustosi» è una proprietà di «mirtilli», dato che dobbiamo cambiare modalità e passare a una proprietà gustativa. Questi risultati, replicati e ulteriormente investigati mediante esperimenti di neuroimmagini, dimostrano che le parole sono *grounded* e attivano proprietà multimodali, non implementate da simboli astratti, e che passare da una modalità a un'altra implica costi, esattamente come accade quando percepiamo.

Altri studi molto influenti sono stati realizzati registrando i movimenti oculari dei partecipanti mentre immaginavano o ricordavano oggetti che non erano presenti. Ad esempio, in uno studio condotto da Spivey e Geng nel 2001, veniva presentata ai partecipanti la descrizione di un grattacielo, e veniva illustrato verbalmente cosa accadeva ai vari piani, da quello in alto a quello in basso; oppure veniva descritto un treno in partenza che si estendeva sulla sinistra, e si diceva loro quello che stava succedendo nei diversi vagoni. I risultati indicano che i soggetti orientano sistematicamente lo sguardo verso la direzione suggerita dalla frase, anche se stanno guardando uno schermo bianco; questo indica che la comprensione di frasi ci porta a simularne il contenuto. Ulteriori studi, anche questi replicati in più laboratori impiegando una varietà di tecniche (comportamentali, di neuroimmagini e di stimolazione magnetica transcranica) e compiti sperimentali, mostrano che quando compiamo un movimento, per esempio per fornire una risposta, con un dato effettore (per esempio il piede, la mano, la bocca), questo influenza l'elaborazione di frasi che rimandano ad azioni con lo stesso effettore (ad esempio calciare la palla, cucire la gonna, mangiare la caramella). Compiti di riconoscimento condotti nel laboratorio di Rolf Zwaan dimostrano che quando elaboriamo frasi rievochiamo i referenti delle parole: per esempio, se leggiamo la frase «Il cacciatore vide l'aquila nel cielo», e dobbiamo decidere se l'immagine che segue è quella menzionata nella frase, siamo più veloci a rispondere se la figura che segue la frase è un uccello con le ali aperte anziché con le ali chiuse.

Ai risultati comportamentali si aggiungono le numerose evidenze di neuroimmagini che dimostrano che le parole attivano informazione multimodale. Prendiamo ad esempio le aree relative al riconoscimento di suoni. Gli studi elettroencefalografici condotti dallo psicologo tedesco Markus Kiefer hanno mostrato che il riconoscimento di parole che rimandano a oggetti che attivano la dimensione acustica, come il telefono, recluta le aree neurali attivate durante la percezione di suoni prodotti da animali o generati da artefatti, come il giro sinistro posteriore superiore e il giro temporale mediano. Studi con potenziali evocati (ERP) mostrano che questa attivazione avviene appena dopo 150 ms dalla comparsa della parola, quindi è difficilmente dovuta a processi immaginativi che occorrono in seguito. Ricerche con pazienti rivelano che danni focali alla corteccia associativa uditiva sinistra provocano una difficoltà selettiva con concetti per cui la dimensione acustica è di grande rilievo (per esempio «campana» rispetto a «poltrona»). Effetti simili sono stati ritrovati per le parole relate agli odori: leggere parole che rimandano a odori, come «aglio», attiva maggiormente la corteccia olfattiva primaria rispetto a parole di controllo. Similmente, alcune ricerche condotte con la PET e la fMRI dal gruppo del neuroscienziato Alex Martin hanno dimostrato che, quando immaginiamo di interagire con degli utensili (per esempio martello), così come quando ne vediamo l'immagine e dobbiamo denominarli, si attivano aree della corteccia premotoria sinistra, contigue a quelle che si attivano quando effettivamente li usiamo. L'attivazione di queste aree, che è specifica per gli utensili, ma non per i volti di persone, le case, gli animali, è un'ulteriore forte prova a favore della simulazione motoria.

4. *Un dibattito: attivazione del sistema motorio necessaria?*

Secondo alcuni filosofi della mente l'influenza che il corpo ha nei processi cognitivi non implica che il corpo abbia anche un ruolo costitutivo in tali processi. Questo argomento, noto come il «problema della costitutività», sostiene che il reclutamento del sistema sensorimotorio in compiti cognitivi non sia una condizione necessaria al compito cognitivo stesso, ma solo qualcosa di concomitante ai processi cognitivi: un fenomeno secondario o derivato. Alcuni scienziati cognitivi hanno utilizzato questo argomento per giustificare un ritorno a posizioni cognitiviste classiche: è quanto hanno fatto ad esempio i neuroscienziati statunitensi Brad Mahon e Alfonso Caramazza. Per quanto riguarda il linguaggio, secondo Mahon e Caramazza le evidenze che elaborare il linguaggio attiva il sistema motorio non vanno contestate. Tuttavia, il fatto che l'elaborazione delle parole attivi il sistema motorio non è sufficiente a provarne il ruolo costitutivo. L'attivazione del sistema motorio sarebbe piuttosto un fenomeno successivo all'elaborazione del significato linguistico, un'attivazione che avviene a posteriori, contingente e non costitutiva: comprendiamo la frase «apri la finestra» e poi, una volta compresa, a seconda della situazione in cui ci troviamo possiamo decidere se attivare uno specifico programma motorio, quello adeguato ad aprire la finestra. Secondo questa posizione, il nucleo centrale delle rappresentazioni semantiche resta astratto e amodale, come previsto dalle scienze cognitive classiche; l'attivazione delle cortecce sensoriali e motorie si configura dunque solamente come un corollario, dovuto al diffondersi dell'attivazione in aree non centrali per la comprensione del significato. Ne consegue che le aree attive perché processano informazione semantica vanno distinte molto bene da quelle attive semplicemente perché stanno svolgendo qualche processo di controllo. Criticheremo uno a uno i due argomenti proposti dagli autori.

L'argomento della costitutività, per cui l'attivazione del sistema motorio non è essenziale per la comprensione del linguaggio, è a nostro avviso debole per diverse ragioni. La prima è di ordine teorico. Immaginiamo di dover spiegare come facciamo a formarci mentalmente la categoria di «tavolo». Probabilmente il prototipo di tavolo di molti tra noi corrisponde a quello di un oggetto di legno, con un piano rettangolare sostenuto da quattro gambe. Esistono però anche tavoli di formica, tavoli di marmo, tavoli di metallo. Esistono tavoli di diverse dimensioni, tavoli allungati e corti, di diverse forme – quadrati, triangolari, trapezoidali – e con molte gambe, poche gambe, una gamba soltanto. Se un tavolo ha una gamba sola, ed è rotta, di solito continuiamo a ritenerlo un tavolo. Nessuna delle caratteristiche menzionate sopra (essere di legno, avere quattro gambe, avere un piano) è dunque indispensabile, essenziale, perché un tavolo sia considerato tale, anche se tipicamente molte di tali caratteristiche co-occorrono nei tavoli tipici. Un ragionamento simile può valere per la relazione tra linguaggio e sistema motorio. Perché porre il problema in termini di caratteristiche «necessarie» e «sufficienti»? L'attività cognitiva è un processo fluido e il nostro cervello è estremamente plastico. La comprensione del linguaggio è un fenomeno assai complesso, che certamente non si esaurisce con l'attivazione del sistema motorio. Però, essendosi il sistema linguistico sviluppato a partire dai sistemi più di base, come quello sensoriale e motorio, sembra sensato pensare – come in effetti testimoniato da numerose evidenze – che esso «sfrutti» funzioni e strutture dei sistemi preesistenti, mediante quello che nel primo capitolo abbiamo definito un processo di preadattamento, o exattamento. Da questo non deriva necessariamente che comprendere il linguaggio debba implicare sempre e necessariamente l'attivazione della corteccia motoria primaria.

Secondo Mahon e Caramazza i sistemi sensoriali e motori sarebbero attivati in virtù di un meccanismo di diffusione dell'attivazione, o *spreading activation*. Ad esempio, sostengono, in virtù di un meccanismo di questo tipo parole fonologicamente associate si attivano nei compiti di denominazione di figure. Queste affermazioni sono state oggetto di una critica assai efficace da parte della scienziata cognitiva Lotte Meteyard: se un compito di denominazione di figure presuppone la produzione di un termine (per esempio cacciavite) e si può pensare che per diffusione dell'attivazione si attivino dei termini associati, tale compito non comporta la produzione di un'azione. Il fatto dunque che il compito di denominazione di utensili porti all'attivazione di aree corticali premotorie non è affatto scontato, ed è difficilmente imputabile a un meccanismo di diffusione dell'attivazione. Di sicuro, inoltre, un meccanismo di diffusione dell'attivazione ha difficoltà a spiegare gli studi che dimostrano un ruolo causale del sistema motorio sulla comprensione del linguaggio.

I due argomenti che abbiamo presentato contestano il tipo di quesito scientifico proposto dai detrattori. È possibile tuttavia contrastare la loro obiezione dando per buono il quesito e assumendolo come punto di partenza per nuove direzioni di ricerca. È quello che hanno fatto negli ultimi anni diversi studiosi sostenitori dell'*embodiment*: dimostrare mediante una varietà di esperimenti comportamentali, neurofisiologici, o di neuroimmagini, che il linguaggio attiva aree corticali sensoriali e motorie, che questa attivazione è automatica, precoce e somatotopicamente organizzata. Per contrastare le teorie dell'*embodiment* secondario o derivato, infatti, una via scelta dagli studiosi è stata quella di dimostrare l'attivazione precoce dei sistemi sensorimotori. Registrando diverse misure comportamentali e neurofisiologiche sull'elaborazione di verbi relativi ad azioni eseguite con diversi effettori corporei (bocca, arti superiori o inferiori), il neuroscienziato Friedemann Pulvermüller[4] ha rilevato differenze topografiche nei pattern di attivazione neurale, che dimostrano come il processamento di verbi d'azione induca un'attivazione «somatotopica» delle aree del sistema motorio: processando verbi che coinvolgono l'effettore bocca, mano o piede («mordere», «carezzare» o «calciare», ad esempio) attiviamo regioni motorie ventrali, associate al controllo motorio della bocca, mentre processando verbi che coinvolgono arti superiori o inferiori attiviamo regioni motorie più dorsali, coinvolte nelle azioni corrispondenti. Inoltre, stimolando con la TMS le aree relative alle braccia e alle gambe si ha una precoce facilitazione della risposta a parole connesse con le braccia e le gambe; infine, studi EEG e MEG indicano che parti diverse del sistema motorio si attivano in modo selettivo per aree relate al volto, alle braccia e alle gambe in una finestra temporale assai precoce, che va da 150 a 220 ms. Nel complesso, sono state riportate molte evidenze dimostrando che le regioni motorie si attivano entro 150-200 ms dalla comparsa di parole che rimandano ad azioni. Ci sono anche studi che dimostrano che si attivano movimenti di raggiungimento anche qualora i verbi di azione vengano presentati per soli 50 ms, così che i partecipanti non ne siano consapevoli (presentazione subliminale). È importante notare che le prove di questa stretta interrelazione tra semantica e sistema motorio si ritrovano solo per parole relative ad azioni che siamo in grado di compiere, non ad azioni solitamente eseguite da altri animali, come ad esempio scodinzolare.

Diversi studi hanno dimostrato che pazienti con lesioni che coinvolgono la corteccia motoria, o con malattie degenerative del sistema motorio come il *Motor Neuron Disease* (MND) studiato da Thomas Bak, una sindrome che provoca una varietà di problemi muscolari, hanno difficoltà selettive con la comprensione di verbi di azione; simili difficoltà selettive con i verbi di azione sono state ritrovate con pazienti affetti da demenza fronto-temporale. Ancora, gli studi di Boulenger sui pazienti affetti da Parkinson senza trattamento di dopamina mostrano difficoltà specifiche per i verbi di azione, mentre non ci sono differenze tra pazienti con e senza trattamento per l'elaborazione dei nomi. Pazienti con lesioni anche piuttosto ridotte nella corteccia motoria e premotoria dell'emisfero destro, non dominante, mostrano specifiche difficoltà con i verbi di azione se confrontati con i nomi; inoltre, pazienti afasici mostrano difficoltà selettive con verbi e nomi che riguardano azioni manuali. Infine, diversi studi dimostrano che chi ha specifiche difficoltà con le categorie di artefatti (martello ecc.) ha tipicamente lesioni nelle aree motorie frontali e parietali, mentre chi ha difficoltà con gli oggetti naturali e viventi ha più frequentemente lesioni nelle aree occipitali e temporali. In sintesi, si può sostenere che la precocità e automaticità dell'attivazione del sistema motorio e il suo carattere distribuito e somatotopico, unite ad alcune evidenze con i pazienti (ma si vedano per contrasto gli studi sugli aprassici) rendano assai difficile sostenere l'ipotesi che l'attivazione delle cortecce sensoriali e motorie costituisca semplicemente un corollario, un epifenomeno, la fetta esterna di un panino la cui polpa è altrove.

5. «*Embodiment*» *forte e debole?*

Alcune recenti evidenze hanno mostrato come, da un punto di vista strettamente temporale, l'attivazione di aree sensoriali e motorie primarie durante l'elaborazione dei concetti e del linguaggio avviene tardivamente, presumibilmente dopo che il processamento semantico è già avvenuto (altrove). Alcuni studi di TMS condotti da Liuba Papeo e colleghi hanno mostrato che durante la comprensione di verbi di azione la corteccia motoria primaria, adibita al controllo del movimento, non si attiva in modo automatico e precoce (vale a dire in quella finestra che grosso modo va dai 170 ai 350 ms), bensì tardivamente, circa 500 ms dopo la presentazione dello stimolo, come se questa attivazione riflettesse un processo di immaginazione mentale successivo al recupero di rappresentazioni motorie. Queste evidenze hanno indotto alcuni scienziati a criticare gli assunti centrali delle teorie *embodied*, favorendo teorie che sostengono che l'attivazione del sistema sensorimotorio nel processamento semantico sia un fenomeno secondario o derivato. A questo proposito, alcuni autori hanno introdotto una distinzione tra forme di *embodiment* forte e debole.

La mancata, o tardiva, attivazione delle aree sensoriali e motorie primarie durante processamento linguistico rappresenta tuttavia un argomento concettualmente debole, se utilizzato per criticare l'idea di *embodiment* linguistico, poiché in realtà nessuna teoria *embodied* sostiene esplicitamente che gli stimoli linguistici vengano processati nelle cortecce sensoriali e motorie primarie, nonostante molte evidenze di TMS siano per motivi tecnici focalizzate sulla corteccia motoria primaria. Viceversa, una varietà di studi ha invece dimostrato che quando categorizziamo o nominiamo utensili si attivano non aree motorie primarie bensì aree premotorie, tipicamente implicate in una codifica motoria di ordine superiore. Utilizzando tecniche di neuroimmagini, ad esempio, il neuropsicologo cognitivo Alex Martin ha mostrato come la denominazione di animali attiva primariamente aree corticali occipitali, adibite al processamento visivo (con il quale evidentemente caratterizziamo preferenzialmente gli animali) mentre denominare utensili – in linea con le suggestioni heideggeriane già discusse nel secondo capitolo – attiva piuttosto il sistema motorio coinvolgendo le aree premotorie, implicate nella pianificazione dei movimenti complessi. Pare chiaro che evidenze di questo tipo non indeboliscono le teorie *embodied*, ma semmai le rafforzano. Che senso avrebbe infatti ottenere le medesime attivazioni quando agiamo, ad esempio quando camminiamo, e quando comprendiamo il linguaggio, ad esempio quando sentiamo la parola «camminare»? Perché la mancata attivazione delle cortecce primarie dovrebbe portare a considerare tutto il resto un «epifenomeno», un corollario? È ovvio che ci debbano essere differenze tra i due tipi di attivazione, se non vogliamo essere costretti a correre, driblare e tirare in porta davanti alla TV ogni qual volta ascoltiamo una telecronaca sportiva!

L'assunto di base di chi sostiene forme di *embodiment* forte è che l'informazione sensoriale e motoria di basso livello sia direttamente attivata durante la comprensione del linguaggio. Secondo la posizione dell'*embodiment* forte le cortecce sensoriali e motorie sono direttamente coinvolte nella simulazione che ci formiamo durante l'elaborazione del linguaggio, mentre i fautori di forme deboli di *embodiment* ritengono che, laddove le cortecce sensoriali e motorie primarie processano le esperienze reali, l'attivazione relativa a concetti e linguaggio sia contigua – adiacente o anteriore – rispetto a esse. Vero è che la definizione di un *embodiment* debole, che faccia da contraltare a un'ipotesi forte, spesso porta a concepire quest'ultima come un fantoccio, una rappresentazione estrema e caricaturale di una teoria. In realtà, già nella nozione di simulazione proposta da Lawrence W. Barsalou nel 1999 si parla di riattivazione parziale, e non totale, della nostra esperienza di interazione con gli oggetti, mentre il neuroscienziato francese Marc Jeannerod, uno dei padri della «motor cognition», nonché della visione contemporanea del sistema motorio, ha spesso ricordato che «simulare non significa fare»: ad esempio, quando simuliamo di eseguire un'azione non siamo soggetti agli stessi feedback sensoriali che riceviamo mentre agiamo realmente. Inoltre, come abbiamo discusso in merito alla scoperta dei neuroni *mirror*, quando simuliamo di eseguire un'azione qualche meccanismo, implicito o esplicito, deve necessariamente intervenire per «bloccare» l'effettiva esecuzione dei comandi motori, ed è abbastanza scontato che l'attivazione dei sistemi sensoriali e motori si configuri quindi come più «debole» rispetto a quella che si ha durante l'interazione effettiva con oggetti ed entità nel mondo reale.

6. *Interferenza e facilitazione: davvero un problema?*

I risultati che dimostrano l'attivazione del sistema sensorimotorio durante la comprensione di verbi di azione, di nomi di oggetti manipolabili, e di frasi che li includono, sono numerosi. Tuttavia, i critici si soffermano su alcuni limiti di questi dati. Uno di questi limiti è il fatto che i risultati non sono sempre coerenti: in alcuni casi la coincidenza tra la risposta motoria e il tipo di azione cui le parole rimandano provoca interferenza, in altri facilitazione. Un esempio è costituito dagli studi che indagano quando una data parola, o frase, di azione, attiva il corrispondente effettore (per esempio la mano, il piede, la bocca). Qualche anno fa il neuroscienziato italiano Giovanni Buccino ha condotto uno studio in cui i partecipanti leggevano delle frasi che rimandano ad azioni eseguite con la mano o con il piede come «cuciva la gonna» o «calciava la palla», e dovevano rispondere premendo un pedale o la tastiera se il verbo riguardava un'azione, non dovevano rispondere se il verbo era astratto. I risultati dello studio comportamentale e del corrispondente studio TMS indicano un chiaro effetto di *interferenza*: le risposte sono più veloci rispondendo con un movimento del piede durante il processamento di frasi che rimandano ad azioni manuali, mentre sono più veloci rispondendo manualmente su una tastiera durante il processamento di frasi relative ad azioni con il piede. La convergenza tra effettore e verbo, dunque, sembrava sovraccaricare lo stesso sistema, appesantendo le computazioni e, conseguentemente, producendo un ritardo nei tempi di reazione. Analogamente, in altri studi si ritrova un'interferenza tra la direzione implicita suggerita dalla frase e l'orientamento di stimoli visivi. Così, se barre orizzontali che si muovono verso l'alto o il basso vengono presentate in concomitanza con frasi come «Il fumo salì al cielo» e «La neve cadde a terra», i partecipanti rispondono che la frase è sensata più lentamente in caso di congruenza (alto-alto, basso-basso) tra la direzione veicolata dalla frase e dallo stimolo visivo. Altri studi, tuttavia, rivelano un effetto di *facilitazione*, ovvero l'opposto dell'interferenza appena descritta: per rispondere che una frase relativa a un'azione con il piede è sensata si ha una facilitazione nelle risposte con il pedale, mentre si ha una facilitazione nel rispondere con il microfono quando si leggono frasi che coinvolgono la bocca, come mostrato in uno studio di Scorolli e Borghi del 2007. Similmente, la gran parte degli studi sull'effetto ACE dimostra facilitazione: ad esempio, si è più veloci nel giudicare che «chiudere il cassetto» è una frase sensata se per premere il pulsante di risposta si deve compiere un'azione in una direzione congruente con il significato della frase, allontanando la mano dal corpo piuttosto che avvicinandola; è vero il contrario per «aprire il cassetto».

La concomitanza di effetti di interferenza e facilitazione presta il fianco ad alcune critiche. In effetti, fino a qualche anno fa l'obiettivo primario dei sostenitori degli approcci *embodied* era quello di mostrare che, durante l'elaborazione del linguaggio, il sistema motorio era attivato, e sia interferenza che facilitazione comprovavano questa ipotesi: entrambi i fenomeni dimostrano che la congruenza tra linguaggio e azione provoca un effetto sui tempi di risposta. Ora, quindici anni dopo, è importante arrivare a essere in grado di formulare previsioni più dettagliate. Quando si ha interferenza, quando facilitazione, e perché? In questo senso, i modelli computazionali possono essere di grande aiuto nel formulare predizioni più precise e ipotesi più puntuali.

Una spiegazione fornita per spiegare effetti di interferenza riguarda la possibilità che gli stimoli che inducono interferenza vengano integrati: se mentre leggo una frase come «l'auto si avvicina a te» vedo una spirale che si avvicina o si allontana, poiché lo stimolo visivo riprende la situazione che la frase descrive solo in modo schematico, la compresenza di due stimoli che rimandano alla stessa direzione genera conflitto, e quindi interferenza. Diverso sarebbe se lo stimolo visivo riproducesse la situazione che la frase descrive, mostrando ad esempio un'auto in movimento. Diverso sarebbe, soprattutto, se non ci fosse sovrapposizione temporale tra i due tipi di stimoli, le immagini e le frasi: se le immagini venissero presentate prima delle frasi si prevede un effetto di *priming*, di facilitazione. Per esempio, se prima della frase «mirare con una freccetta» viene presentata l'immagine di una mano con una postura di precisione (*prime*), ma non con altre posture, i giudizi di sensatezza della frase vengono facilitati, cioè si hanno tempi di risposta più veloci. Il punto chiave, dunque, è che due tipi di stimoli difficilmente integrabili vengono presentati in concomitanza: questo genera un sovraccarico del sistema e rallenta la risposta. Dato che si ritrovano effetti di interferenza anche tra effettori usati per la risposta ed effettori implicati nelle frasi, l'interferenza non può essere imputata, o almeno non solamente, all'integrazione tra gli stimoli. In effetti, molti studiosi convergono oggi nel ritenere il tempo l'elemento determinante per il verificarsi di questi effetti, in linea con la crescente attenzione attribuita agli aspetti dinamici della mente già discussi all'inizio di questo libro.

Le discrepanze tra i risultati degli studi su comprensione di frasi di azione e attivazione di effettori, riportata dagli studi di Buccino e di Scorolli e Borghi, ad esempio, possono essere dovute, oltre che al diverso tipo di elaborazione richiesto dal compito, al fatto che cambia il tempo di misurazione: in un caso la misurazione avviene in coincidenza con la presentazione della seconda sillaba di verbi presentati acusticamente, nell'altro caso alla comparsa del secondo termine che compone la combinazione verbo-nome, presentata visivamente. Insomma, una possibilità è che vi sia interferenza quando il sistema è attivato contemporaneamente da due diverse fonti, e che altrimenti si abbia facilitazione. Anche gli studi di Boulenger mostrano che, a seconda della relazione temporale tra un compito di raggiungimento e l'elaborazione di verbi di azione, si può avere facilitazione o interferenza. È proprio quello che indica un recente modello simulativo proposto da Fabian Chersi e colleghi: in pratica, interferenza e facilitazione sarebbero le due facce della stessa medaglia. Proviamo a spiegarlo in modo semplice. Immaginiamo di stare per calciare un pallone quando qualcuno ci dice «afferra la bottiglia». Quando si ha un'attivazione del sistema motorio generata simultaneamente da due fonti, il movimento realmente eseguito e quello suggerito dalla parola o dalla frase, allora il sistema collassa a causa dell'eccesso di informazioni da elaborare tutte insieme. Si ha così interferenza: le parole e le frasi sono elaborate più lentamente, dato che il sistema è occupato a fare altro, e cioè a pianificare ed eseguire il movimento reale. Ma questa temporanea interferenza si traduce, immediatamente dopo, in facilitazione: una volta risolto il problema, elaborare le frasi che il sistema aveva già iniziato a processare sarà più semplice.

Per sintetizzare: nonostante diversi risultati mostrino che comprendere parole e frasi attiva il sistema motorio, il fatto che si trovino risultati a volte contraddittori può dare adito a critiche. Una strategia adottata da alcuni neuroscienziati è quella di basarsi su misurazioni assai precoci – se una modulazione del sistema motorio avviene presto, questo il ragionamento, vuol dire che l'attivazione del sistema motorio è necessaria per comprendere le parole – considerando le modulazioni tardive come possibile effetto di un processo di immaginazione che avviene a posteriori. Quanto abbiamo suggerito grazie a un modello computazionale, tuttavia, rivela che non solo le interferenze precoci ma anche le tardive facilitazioni sarebbero il segno dell'importanza del sistema motorio per la comprensione.

7. *Teorie «embodied» e teorie del riuso: specificità del linguaggio*

Come abbiamo visto, la gran parte degli autori motivati da un approccio *embodied* ha cercato di dimostrare che il linguaggio attiva il sistema sensorimotorio, e negli ultimi anni lo ha fatto con successo, producendo un'incredibile varietà di evidenze sperimentali. Tuttavia, negli ultimi anni sta diventando cruciale la domanda se, oltre a dimostrare che il linguaggio attiva i sistemi di percezione e azione, non abbia senso dimostrare anche le specificità del linguaggio. Prendiamo come base le teorie del riuso o riutilizzo, tra cui «l'ipotesi dello sfruttamento neurale» (*neural exploitation hypothesis*) proposta da Vittorio Gallese[5]. Assunto di fondo è che il linguaggio sia un sistema che si è evoluto filogeneticamente più tardi rispetto al sistema motorio. Tuttavia, il linguaggio si basa e si avvale di strutture e sistemi che in origine si sono evoluti per l'integrazione sensorimotoria. La storia però non finisce qui: ovviamente il linguaggio è una capacità estremamente sofisticata, e quindi mantiene ma anche modifica ed elabora, «sfrutta» sistemi preesistenti, non coincidendo con essi. Alla base di questo meccanismo vi è il processo di preadattamento, o exattamento, discusso nel primo capitolo. Trattando del rapporto tra percezione e azione ci siamo soffermati sulle *affordance*. La domanda che ci porremo ora è: come vengono codificate le *affordance* a livello linguistico? Consideriamo le teorie del riutilizzo, o riuso. In base a esse, il sistema linguistico impiegherebbe strutture e funzioni caratteristiche di sistemi filogeneticamente più antichi, come il sistema motorio. Al contempo, se ne avvarrebbe a un diverso livello di complessità. Questo può portare a ipotizzare che, se è vero che il linguaggio si fonda sul sistema sensorimotorio, i risultati degli esperimenti con le parole dovrebbero essere analoghi a quelli con stimoli non linguistici. Per intenderci: ci si potrebbe aspettare che, così come negli studi sulle *affordance* di oggetti (esaminati nel secondo capitolo) si trovano effetti di compatibilità tra caratteristiche dell'oggetto non rilevanti per il compito (grandezza, orientamento) e il tipo di risposta motoria, analoghi effetti di compatibilità si ritrovino con le parole. In effetti, alcuni studi di Tucker ed Ellis hanno mostrato che gli stessi effetti di compatibilità tra grandezza dell'oggetto (grande vs piccolo, per esempio ciliegia e mela) e tipo di risposta motoria (presa di forza vs di precisione) ottenuti con oggetti reali e immagini in compiti di categorizzazione (oggetto naturale-artefatto) si ritrovano con le parole. Un minimo di cautela è tuttavia necessaria. Gli effetti di compatibilità con parole non sono stati sempre replicati. Ad esempio, Andrea Flumini, Laura Barca, Anna Borghi e Giovanni Pezzulo hanno recentemente indagato effetti di compatibilità tra grandezza degli oggetti e tipi di risposta motoria con immagini e parole. Una volta vista l'immagine o la parola, la risposta motoria consisteva nello spostare un mouse piccolo o grande per raggiungere un diverso quadrante sullo schermo a seconda che l'oggetto fosse un artefatto o un oggetto naturale; vengono analizzate le traiettorie del mouse. Se i risultati con le immagini mostrano l'ormai classico effetto di compatibilità tra le dimensioni dell'oggetto e quelle del mouse, i risultati con le parole non riproducono esattamente quelli con le immagini. L'effetto di compatibilità non è infatti presente. Questo non significa, tuttavia, che le parole non attivino informazione sensorimotoria: infatti le risposte sono più rapide e le traiettorie più lineari con le parole che rimandano a oggetti afferrabili con una presa di forza, coerentemente con il fatto che la presa di forza sia di più facile realizzazione. Questo esempio – e se ne potrebbero fare molti altri – suggerisce che le parole attivino sì informazione percettiva e motoria – in questo caso si tratta di informazione relativa alle dimensioni dei loro referenti – ma che questa informazione non sia così fine e precisa come quella evocata dalle immagini, che in funzione della loro grandezza attivano uno specifico tipo di presa. Il linguaggio, insomma, cattura alcune caratteristiche degli oggetti e riflette alcune strutture e funzioni del sistema motorio, ma non tutte.

Consideriamo ora la distinzione tra *affordance* stabili e variabili, introdotta nel secondo capitolo. In linea con le teorie del riuso, il modo in cui rispondiamo alle *affordance* nella vita reale influenza ma non corrisponde esattamente al modo in cui le *affordance* sono codificate a livello linguistico. Un studio condotto da Anna Borghi e Lucia Riggio ci può aiutare a illustrare questo punto. Si immagini di leggere frasi di azione e di osservazione (prendi/osserva il pennello) seguite dall'immagine di oggetti; i partecipanti devono decidere se si tratta o meno degli stessi oggetti menzionati nella frase. Gli oggetti sono afferrabili con una presa di forza (per esempio spazzola) o di precisione (per esempio pinzetta), e sono presentati diritti o rovesciati. I risultati mostrano che, quando gli oggetti sono rovesciati, i tempi di risposta si allungano. Più interessante il fatto che, quando i partecipanti devono rispondere «no», con i verbi di azione si allungano i tempi di risposta quando la presa dell'oggetto nell'immagine corrisponde a quella dell'oggetto menzionato nella frase. Questo indica che in una frase come «prendi la spazzola» non sono codificate *affordance* variabili, ma piuttosto l'*affordance* stabile relativa al tipo di presa necessaria per afferrare l'oggetto, oltre che l'*affordance* canonica relativa all'orientamento standard dell'oggetto, adeguato a usarlo. Il linguaggio, dunque, si fonda sul sistema motorio, ma ne filtra e seleziona i processi e le strutture in modo sofisticato. La simulazione che si forma durante la comprensione del linguaggio è inoltre modulata da caratteristiche linguistiche di superficie. Alcuni studi interessanti mostrano l'effetto dei pronomi e dei verbi sull'assunzione della prospettiva di agente: quando leggiamo o ascoltiamo un verbo in forma imperativa, nella seconda persona, ci prepariamo immediatamente ad agire. Se leggiamo una frase come «lei cuce la gonna», con un pronome in terza persona e senza imperativo, tendiamo ad assumere meno la prospettiva dell'agente dell'azione. Un interessante filone di ricerca indaga proprio come questi effetti di prospettiva, veicolati per esempio dai pronomi, si riflettono nella comprensione del linguaggio e sull'assunzione o meno del ruolo di agenti: lo mostrano alcuni studi condotti da Claudia Gianelli, alcuni dei quali realizzati nel laboratorio di Anna Borghi. In sintesi: in linea con le teorie del riuso, il linguaggio si fonda sul sistema sensorimotorio, tuttavia modifica in modo sofisticato le strutture e funzioni di tale sistema, a un livello più alto.

8. *Questioni aperte: produzione e comprensione*

Storicamente, percezione e produzione del linguaggio sono state studiate in modo indipendente l'una dall'altra, mentre solo negli ultimi anni abbiamo assistito a un cambiamento radicale. Sarebbe erroneo ritenere che percezione e azione siano separate, come proposto dalle teorie tradizionali. Ci sono prove molto chiare dell'esistenza nel nostro cervello di circuiti distribuiti tra aree sensoriali e motorie, in cui informazione percettiva e motoria sono integrate. A testimonianza di questa stretta relazione, il cervello umano si caratterizza, rispetto a quello dei primati non-umani, per la forte interconnessione tra le due aree fondamentali relate al linguaggio, le aree temporali superiori contigue alla corteccia uditiva, e le aree frontali inferiori anteriori alla corteccia articolatoria. Quando produciamo un suono, pronunciando parole, il suono che articoliamo, anche se mascherato da un rumore, attiva le cortecce uditive. Il sistema motorio si attiva anche quando ascoltiamo suoni che richiedono una certa attività articolatoria, per esempio il suono «erre». Recenti ed eleganti studi condotti con la TMS da Luciano Fadiga, Alessandro D'Ausilio e colleghi mostrano una chiara attivazione delle cortecce premotoria e motoria primaria durante la percezione del parlato: ad esempio, la stimolazione delle aree del labbro aumenta la velocità e accuratezza con cui si riconoscono suoni che coinvolgono il labbro e interferisce con i suoni che coinvolgono la lingua, e viceversa. Questo a dimostrazione del fatto che produzione e percezione del linguaggio sono due facce della stessa medaglia. Produzione e comprensione sono strettamente interrelate anche a un diverso livello, come dimostra una recente teoria basata sui modelli forward: sia i parlanti che gli ascoltatori formulano predizioni e monitorano di continuo le loro frasi, a diversi livelli linguistici.

Un'altra questione aperta riguarda la sfida della sintassi. In un articolo del 2002, rapidamente divenuto un classico, in cui Marc Hauser, Noam Chomsky e Tecumseh Fitch dichiararono che, relativamente allo studio del linguaggio, gli scienziati cognitivi debbono distinguere tra quella che definirono una «facoltà del linguaggio in senso ampio» (che si avvale di un sistema sensorimotorio, un sistema intenzional-concettuale, e che può beneficiare di studi in biologia evolutiva e antropologia), e una «facoltà del linguaggio in senso stretto», che gravita intorno alla ricorsività e alla sintassi, e che rappresenta una componente esclusiva del linguaggio umano. Da allora, l'interesse per gli aspetti sintattici ha rapidamente stimolato un nuovo dibattito tra gli scienziati cognitivi. È possibile concepire una spiegazione *embodied* degli aspetti sintattici del linguaggio? Si pensi alla negazione, un elemento sintattico di base che rovescia il valore di verità espresso dalle frasi. Uno dei problemi aperti per le teorie *embodied* riguarda il modo in cui possiamo simulare una frase negativa. Ad esempio, come facciamo a simulare «questa non è una pipa» o «l'uccello non è nel cielo?» Secondo la teoria della negazione proposta da Barbara Kaup e colleghi, quando comprendiamo una frase come questa dobbiamo prima simularne il significato, rappresentandoci un uccello nel cielo, e poi in qualche modo cancellare il significato che ci siamo rappresentati. Si immagini di leggere la frase «l'uccello non è nel cielo/nel nido» seguita dall'immagine di un uccello ad ali aperte o chiuse, e di dover decidere se l'immagine rappresenta o meno l'entità menzionata nella frase. La presenza di un vantaggio in caso di informazione congruente tra frase e immagine (tempi di risposta più veloci se frase relativa a uccello nel cielo/immagine di uccello con ali aperte, e viceversa) dimostra che la comprensione della frase ha portato a simulare la situazione che rappresenta. Tuttavia, i tempi più lunghi nel rispondere alla frase negativa fanno pensare che vi sia un ulteriore processo in corso, quello di cancellazione dello stato delle cose. Sul piano neurale, questo processo di cancellazione come si traduce? Marco Tettamanti e colleghi indicano che alle frasi negate corrisponde un'attivazione più debole delle aree dove l'informazione verrebbe rappresentata. Per esempio, se si confrontano le frasi «io premo il pulsante» e «io non premo il pulsante», con la seconda si ha un'attivazione più debole del sistema fronto-parieto-temporale sinistro attivo durante la comprensione della corrispondente frase affermativa; questo decremento del segnale BOLD non è presente con frasi astratte. Evidenze TMS ottenute da Liuzza nel laboratorio del neuroscienziato Salvatore Aglioti, con i potenziali evocati della mano, vanno a complemento di questi studi, mostrando che la differenza tra frasi positive e negative modula la reattività corticale e motoria solo nel caso delle azioni di mano (per esempio «non spremo il limone»), e non per le frasi astratte (per esempio «non sogno la pace»). Questo studio mostra dunque che anche un elemento sintattico come la negazione attiva il sistema sensorimotorio modulando l'accesso alla simulazione. Ulteriori indagini devono aiutarci a capire se il processo di comprensione di frasi negative avviene in due fasi temporalmente sequenziali – secondo Kaup e colleghi simuliamo l'azione nei primi 1.500 ms, ma poi cancelliamo quanto simulato – o se invece il processo è parallelo o comunque più precoce, come sembra suggerire lo studio TMS, che rileva che la negazione blocca la simulazione prima, tra 500-700 ms dopo l'inizio della frase. Gli studi sulla negazione rappresentano un primo passo nel fornire una spiegazione *embodied* di un fenomeno complesso come la sintassi. Ulteriori ricerche hanno rivelato che le aree di Broca e di Wernicke, celebri nodi cruciali per la produzione e la comprensione linguistica, sono fondamentali per l'elaborazione della grammatica, attivandosi maggiormente durante la comprensione di frasi sintatticamente complesse piuttosto che di frasi semplici. Pulvermüller e Fadiga hanno proposto che le aree cruciali per il processamento dell'informazione grammaticale si siano evolute nella corteccia perisilviana sinistra, che include l'omologo umano dell'area F5 del macaco, nota per l'elevata presenza di neuroni *mirror*. In quest'area possono essere presenti neuroni che sono sensibili alle sequenze di parole, e che presiedono alla strutturazione gerarchicamente progressiva della sintassi. Questa proposta pone una sfida importante, che deve essere vinta negli anni a venire: quella di elaborare una teoria motoria della sintassi. Una visione *bottom-up* basata esclusivamente sulla percezione, che non riconosca lo stretto legame tra percezione e azione, non riesce a spiegare gli effetti del sistema motorio sulla percezione dei suoni, sulla comprensione e sulla sintassi. La risposta va dunque cercata non nella percezione soltanto, ma in circuiti percettivo-motori integrati. Comprendere nel dettaglio come la sintassi emerge da questi circuiti percettivo-motori rappresenta una delle grandi sfide per la ricerca futura.

9. *Oltre l'«embodiment»: fra teorie distribuzionali e teorie «embodied»*

Le teorie distribuzionali del significato, cui abbiamo accennato prima e di cui tratteremo brevemente anche nel capitolo dedicato ai concetti, propongono che il significato delle parole sia dato dalla rete semantica delle parole a essa associate. Va fatta una precisazione: a differenza delle teorie proposizionali classiche per cui i concetti sono rappresentati da attributi proposizionali, semi-linguistici, queste teorie non assumono un processo di traduzione dal formato sensorimotorio a quello proposizionale. Equiparano semplicemente il significato a un insieme di associazioni di parole – parole esistenti, parole delle lingue reali – senza preoccuparsi della relazione tra significato delle parole e loro referente. In altri termini: comprendiamo la parola «casa» se ci vengono in mente le parole a essa associate «muro», «porta», «stanza», «palazzo» e così via, e non se pensiamo al suo referente – ad esempio, casa nostra. Queste teorie, inizialmente sviluppatesi negli ambiti dell'intelligenza artificiale e della linguistica computazionale, si sono diffuse negli ultimi anni anche in psicologia e neuroscienze cognitive. Fino a qualche anno fa queste teorie venivano considerate in chiara opposizione con le teorie *embodied*: uno dei problemi per gli studi *embodied* sul linguaggio era dimostrare che i risultati non fossero spiegabili semplicemente sulla base delle associazioni tra parole. Negli ultimi anni, però, si sta profilando un nuovo orizzonte, in cui teorie distribuzionali e teorie *embodied* non vengono viste come contrastanti ma piuttosto come complementari, ciascuna dotata di diversi punti di forza. Per esempio, le teorie *embodied* hanno meno problemi nell'ancorare le parole ai loro referenti, mentre gli approcci distribuzionali hanno meno problemi nello spiegare la distinzione tra concetti concreti e astratti (vedi sesto capitolo). In ogni caso, ci sembra che una delle più promettenti direzioni di ricerca attuali riguardi l'importanza che può giocare il linguaggio per le nostre rappresentazioni, e si tratta di un tema che può essere affrontato al meglio sfruttando la complementarietà tra i due tipi di teorie (vedi sesto capitolo). Alcuni autori hanno sottolineato che il linguaggio ci offre un importante strumento per estendere le nostre capacità cognitive, per esempio attiva simulazioni e promuove anche associazioni simboliche e interferenze. Secondo altri il linguaggio può consentire un veloce accesso a informazioni in compiti di natura linguistica: per esempio quando dobbiamo eseguire un compito di decisione lessicale (parola/non parola) non ci serve attivare una simulazione, ma ci è sufficiente attivare le parole associate a essa. Insomma, il linguaggio può fornirci una scorciatoia per accedere al significato. A questo proposito, sono stati proposti modelli ibridi, come quelli di Max Louwerse e colleghi, che coniugano approcci *embodied* e distribuzionali del significato, enfatizzando l'importanza dell'esperienza linguistica per le nostre rappresentazioni.

10. *Corpo, lingue e cognizione situata*

La maggiore importanza assegnata di recente non solo al ruolo del linguaggio in generale, ma anche al ruolo svolto dalle particolari lingue (italiano, inglese, cinese, spagnolo) per la cognizione, spiega anche la recente rinascita di studi che indagano come le diverse lingue influenzano la cognizione. Il titolo efficace di un recente articolo di Daniel Casasanto si chiede, usando un gioco di parole in cui il cognome del controverso linguista e antropologo Whorf richiama la parola inglese per lupo, «wolf», «Chi ha paura del lupo/Whorf cattivo? (*Who's afraid of the big bad Whorf?*). Negli ultimi anni si è assistito in effetti a una ripresa della classica ipotesi Sapir-Whorf, per molti anni bandita in psicologia cognitiva, secondo la quale la lingua che parliamo influenza il modo in cui percepiamo e categorizziamo il mondo. È curioso che le teorie *embodied* e *grounded* fino a ora non abbiano raccolto a sufficienza la sfida lanciata da questa ripresa dell'idea che la lingua influenzi la cognizione. Sul piano teorico sostenere che la lingua influenza il nostro modo di rapportarci al mondo sarebbe infatti del tutto in linea con l'idea che la cognizione è *embodied*, *grounded* e situata. Seguendo le intuizioni del filosofo scozzese Andy Clark, padre dell'ormai celebre «ipotesi della mente estesa», ciò che chiamiamo mente non può essere racchiuso all'interno della teca cranica o, più in generale, all'interno di un organismo biologico, ma si estende piuttosto all'ambiente in cui vive l'organismo. La mente travalica i confini del nostro cervello ed è distribuita tra il nostro cervello, il nostro corpo, e vari artefatti tecnologici che possono supportare e fare da complemento ai nostri processi cognitivi. Un classico esempio a sostegno di questa tesi è il cosiddetto «principio di parità»: se, durante un compito cognitivo, un elemento del mondo (per esempio una calcolatrice) implementa un processo che – se fosse implementato nella testa (per esempio un calcolo a mente) – definiremmo mentale o cognitivo, allora quell'elemento del mondo è parte del processo cognitivo. Analogamente, possiamo dunque sostenere che la lingua che parliamo è essa stessa parte dei nostri processi cognitivi, ovvero della nostra mente. Noi, il nostro corpo, siamo situati nell'ambiente fisico, culturale e sociale, e la nostra lingua è un'importante entità sociale. Non c'è in questa sede lo spazio per approfondire questo tema, anche se non v'è dubbio che il modo in cui le lingue, insieme al nostro corpo, influenzano l'attività cognitiva rappresenta una delle più promettenti direzioni di ricerca emerse negli ultimi anni, che ha portato e si spera porterà a un ampliamento consistente degli studi cross-culturali.

11. *Tra mente «embodied» e mente estesa: le parole come strumenti d'azione*

Come abbiamo visto, le teorie *embodied* si sono soffermate a lungo sul rapporto tra le parole e i loro referenti, oggetti ed entità. Questa impostazione, assai utile per contrastare le teorie proposizionali e punto di forza rispetto alle teorie distribuzionali del significato, ha però dei limiti. Le parole, infatti, non sono soltanto puntatori che rimandano a un referente, ma sono anche strumenti per agire. Un altro limite è che ci si è soffermati molto sulle rappresentazioni neurali delle parole, privilegiando un approccio troppo incentrato sul cervello (*brainbound*) e poco, o non a sufficienza, sul corpo e sull'azione. Eppure, con le parole di Andy Clark, la mente emerge all'interfaccia produttiva tra cervello, corpo e mondo sociale e materiale. Che cosa c'entra tutto questo con le parole? Una volta pronunciate, le parole sono entità esterne, che possono fare da complemento ai nostri processi cognitivi. A partire dalle riflessioni del cosiddetto secondo Wittgenstein in poi, diversi autori hanno sottolineato il fatto che le parole possono essere considerate utensili, strumenti per agire nell'ambiente fisico e sociale che ci circonda. Riprendendo un'idea cara a Vygotskij, Andy Clark[6] ha rimarcato il fatto che le parole sono strumenti che ci aiutano nei processi computazionali interni: altrimenti detto, ci aiutano ad articolare meglio il nostro pensiero, e fanno da guida al nostro comportamento. A noi preme sottolineare il fatto che le parole, oltre che strumenti per facilitare le nostre computazioni interne, sono anche qualcosa di esterno a noi, sono strumenti pubblici e sociali, come discusso ampiamente da Anna Borghi e colleghi in un lavoro recente. Un'interessante direzione di ricerca indaga come le parole, in quanto strumenti sociali, possono portare a un ampliamento dello spazio peripersonale, così come fanno gli strumenti fisici. Ad esempio, uno studio recente con i bambini condotto da Claudia Scorolli e colleghi dimostra che le parole modificano il nostro modo di operare nel mondo. Si immagini di vedere degli oggetti nello spazio a noi vicino, lontano o nello spazio di confine. La percezione dello spazio di confine, ovvero dello spazio oltre il quale non si può arrivare con il braccio, si amplia sia dopo che abbiamo interagito con gli oggetti portandoli a noi con uno strumento fisico, come un rastrello, sia richiedendoli tramite una parola, il nome dell'oggetto. Questa idea delle parole come strumenti che, probabilmente in virtù del loro carattere intrinsecamente sociale, ampliano il nostro spazio di azione, porta a creare ponti tra teorie della mente estesa e teorie *embodied* sul linguaggio. Starà alla ricerca futura ampliare questo orizzonte, uscendo da una concezione delle parole troppo referenziale e troppo incentrata sul cervello e poco sul corpo.

12. *Conclusione*

In questo capitolo abbiamo trattato delle teorie *embodied* sul linguaggio. Ci siamo prima soffermati brevemente sull'importanza del movimento, degli aspetti percettivi e degli aspetti sociali nell'acquisizione del linguaggio. Siamo poi passati a esaminare alcune evidenze comportamentali e di neuroimmagini, ottenute e replicate in diversi laboratori. Abbiamo discusso alcuni punti problematici delle evidenze sperimentali, cercando di mostrare al contempo la forza di un approccio *embodied*, e abbiamo individuato alcune questioni aperte, per esempio se è possibile creare una teoria interamente motoria della sintassi. Infine, ci siamo soffermati su alcuni aspetti che a nostro avviso caratterizzeranno la ricerca del futuro: la relazione fra teorie *embodied* e teorie distribuzionali del significato, l'importanza del recupero della visione secondo cui la lingua influenza la cognizione, la necessità di oltrepassare un approccio meramente *brainbound* esplorando possibili nessi tra teorie *embodied* e teorie della mente estesa.

NOTE AL CAPITOLO QUINTO

[1] C. Yu e L.B. Smith, *Embodied attention and word learning by toddlers*, in «Cognition», 125, 2, 2012, pp. 244-262.

[2] N. Akhtar e M. Tomasello, *The social nature of words and word learning*, in R. Micknick Golinkoff e Kathryn Hirsh-Pasek (a cura di),

Becoming a Word Learner: A Debate on Lexical Acquisition, Oxford, Oxford University Press, 2000, pp. 115-135.

[3] A.M. Glenberg e V. Gallese, *Action-based language: A theory of language acquisition, comprehension, and production*, in «Cortex», 48, 7, 2012, pp. 905-922.

[4] F. Pulvermüller, *The Neuroscience of Language: On Brain Circuits of Words and Serial Order*, Cambridge, Cambridge University Press, 2002.

[5] V. Gallese, *Mirror neurons and the social nature of language: The neural exploitation hypothesis*, in «Social Neuroscience», 3, 3-4, 2008, pp. 317-333.

[6] A. Clark, *Supersizing the Mind: Embodiment, Action, and Cognitive Extension*, Oxford, Oxford University Press, 2008.

CAPITOLO SESTO

CONCETTI ASTRATTI ED ESPERIENZA

> Non esiste l'arte astratta. Devi sempre iniziare da qualcosa. Poi puoi rimuovere tutte le tracce di realtà.
>
> Pablo Picasso

1. *Concetti come colla*

La capacità di formarsi e di usare concetti è una delle abilità più complesse e sofisticate che ci caratterizzano. I concetti sono infatti le unità di base della nostra conoscenza, gli elementi costitutivi del nostro pensiero. Una riuscita metafora proposta da Gregory Murphy[1] li definisce come una sorta di «colla» che tiene assieme il nostro mondo mentale – passato, presente e futuro. La storia filosofica dei concetti è quanto mai articolata e complessa: i concetti sono stati identificati, alternativamente, con parole del linguaggio, con rappresentazioni mentali, con pattern neurali, o con l'abilità di reidentificare nel tempo gli stessi oggetti. Sono stati definiti entità mentali dotate di una struttura interna, o viceversa entità non strutturate definite dalla nostra relazione col mondo, o prototipi mentali. C'è poi chi ha affermato che i concetti si formano durante lo sviluppo, facendo esperienza, mentre altri hanno sostenuto che molti concetti sono innati, e c'è persino chi ritiene che tutti i concetti siano innati, compreso il concetto di «carburatore»[2]! Per uno scienziato cognitivo, i concetti sono ciò che ci permette di categorizzare la realtà, di re-identificare nel tempo gli oggetti che la costituiscono, e di trarre inferenze. Attraverso i concetti possiamo apprendere nozioni sugli oggetti e riutilizzare tali nozioni ogni qual volta abbiamo nuovamente a che fare con quegli oggetti. Il motivo per cui sapete che il fuoco brucia non è dato solo dal fatto che avete avuto in passato esperienze di questo tipo; in effetti, avete avuto a che fare con fiamme diverse da quelle con le quali avete a che fare oggi, ma pur tuttavia possedete conoscenze appropriate anche sul comportamento delle fiamme che avete davanti a voi adesso. Considerate le fiamme davanti a voi come appartenenti al concetto di fuoco, e avete alcune conoscenze circa il concetto di fuoco. Abbiamo bisogno dei concetti per organizzare quello che ci circonda: per sapere come reagire di fronte agli altri, come usare gli oggetti, come orientarci nello spazio.

2. *Concetti basati sulla percezione, concetti derivati da scopi*

Nella gran parte dei casi i concetti hanno una base percettiva, e rispecchiano la struttura di correlazioni presenti nell'ambiente. Per esempio, tutti i cani sono più o meno simili dal punto di vista percettivo – sebbene ovviamente li percepiamo tanto più simili quanto meno ci intendiamo di cinofilia. La scoperta neuropsicologica secondo la quale la lesione di determinate regioni del lobo temporale può danneggiare selettivamente alcune categorie (animali, vegetali, artefatti, volti) e risparmiarne altre, è di grande rilevanza, ma è lontana dall'esaurire tutto quanto c'è da dire a proposito di concetti e cervelli. Infatti, non tiene conto della componente multimodale, esperienziale, motoria e pragmatica di cui parlavano ieri i pragmatisti, e oggi molti sostenitori dell'EC. Infatti, solitamente le somiglianze percettive si traducono anche in somiglianza del tipo di azioni che si possono svolgere. Secondo il pragmatista americano George Herbert Mead i concetti non sono rappresentazioni di oggetti, ma qualcosa di più simile all'abilità di interagire con quegli oggetti, e quindi finalizzati all'azione. Ad esempio, il concetto di «cavallo» non è una rappresentazione dell'animale, ma corrisponde piuttosto a un'intricata serie di conoscenze pratiche legate al cavallo, inclusi i modi di interagire con esso: lo stesso avvicinarsi al cavallo, in una persona che ha familiarità con questi animali, prepara una serie di atti potenziali, quali la scelta del lato adatto e il prepararsi al mettersi in sella. Ma evoca inoltre altre conoscenze pratiche, come il fatto che si tratta di un animale che deve mangiare, che ha un valore economico, un padrone, e così via, e «tali caratteristiche sono tutte implicite nell'idea di cavallo»[3]. Questa rete di conoscenze relative a questo animale è diffusa e radicata nei centri cerebrali di preparazione dei vari atti, tanto che – seguendo Mead –

> se noi andiamo in cerca di questo carattere ideale del cavallo nel sistema nervoso centrale, dovremmo trovarlo in tutte le parti differenti degli atti iniziati. È necessario pensare a ciascuna di esse come associata con gli altri processi in cui si usa il cavallo; perciò non ha importanza che cosa sia l'atto specifico: in questi diversi modi di riferirsi al cavallo c'è una disposizione verso l'atto. In questo senso noi possiamo trovare all'inizio dell'atto, proprio quei caratteri che assegniamo al «cavallo» in quanto idea o, se vogliamo, in quanto concetto[4].

Come è evidente, siamo lontani dal definire un concetto alla stregua di una rappresentazione a-modale, secondo la quale i concetti relativi agli animali sono tutti – indipendentemente dalle specifiche relazioni che il soggetto ha con quel preciso animale – raccolti in specifici settori delle aree visive di ordine superiore del lobo temporale.

Ci sono poi casi in cui formiamo concetti i cui esemplari non sono neppure simili percettivamente. Secondo una molto riuscita – ma discutibile! – metafora del linguista George Lakoff, ad esempio, le donne e il fuoco non hanno tanto in comune, e percettivamente sono piuttosto differenti, ma possono essere riunite sotto la categoria di «cose pericolose». Spesso infatti mettiamo insieme esemplari apparentemente differenti sulla mera base di scopi o obiettivi: è il caso delle cosiddette categorie «ad hoc» o delle categorie derivate da scopi («goal-derived»), studiate da Lawrence W. Barsalou, i cui componenti non sono percettivamente simili. Immaginiamo di girare per casa cercando le cose che ci servono per partire domani per il campeggio. La categoria «cose da portare in campeggio» può includere elementi assai diversi come un cagnolino, indumenti vari, libri, pentole, tende e materassini. Rispetto alle categorie standard, come quella di animale, veicolo o edificio, le categorie *ad hoc* e derivate da scopi sono meno stabili in memoria, si formano spesso sul momento. In più, non sempre esiste una parola singola che le designa, e ciò spesso rende necessario usare lunghe espressioni per riferirsi a esse, come «luoghi dove andare per un pranzo veloce». Le categorie «goal-derived» rappresentano un esempio calzante di come non sia solo la percezione a influenzare la categorizzazione ma di come un'attività cognitiva, la pianificazione basata su scopi, influenzi il modo in cui percepiamo e categorizziamo oggetti ed entità.

3. *Un approccio «embodied» e «grounded»*

Se l'importanza dei concetti per la nostra vita mentale è riconosciuta da tutti, lo studio dei concetti ha generato accesi dibattiti e numerose controversie. Secondo l'approccio che adotteremo qui, quello *embodied* e *grounded*, i concetti possono essere definiti come riattivazione del pattern di attivazione neurale che si ha quando si esperiscono gli oggetti e le entità del mondo esterno. Se vedere una poltrona attiva il sistema percettivo, ci prepara all'azione di sederci e anticipa uno stato mentale di rilassamento, così il nostro concetto di poltrona, e la parola «poltrona», riattivano gli stessi sistemi, in modo da prepararci adeguatamente a interagire con le eventuali sedie che stiamo per incontrare. In questa prospettiva, i concetti sono multimodali e non amodali o unimodali: questo significa semplicemente che quando pensiamo alle «poltrone» ci vengono in mente informazioni relative a modalità diverse, dal colore della poltrona a quanto i suoi cuscini sono soffici, a quanto è pesante se dobbiamo spostarla, all'odore della stoffa – queste informazioni corrispondono all'attivazione di una rete distribuita di diverse modalità (visiva, tattile ecc.), come sostenuto da Gallese e Lakoff.

L'approccio *embodied* e *grounded* allo studio dei concetti risale alla fine degli anni '90 del secolo scorso, quando Barsalou[5], con un articolo su una rivista scientifica molto influente, propose la teoria dei simboli percettivi. Fino alla metà degli anni '90 in psicologia e neuroscienze dominavano le teorie proposizionali dei concetti, secondo le quali l'esperienza degli oggetti e delle entità del mondo esterno veniva tradotta in simboli caratterizzati dalle «3 A», ovvero da simboli Astratti, Amodali e Arbitrari – simboli, cioè, che come quelli linguistici avevano una relazione soltanto arbitraria con i loro referenti. Prendendo come modello della mente il software del computer, le teorie tradizionali della memoria semantica assumevano che, ad esempio, il concetto di «gatto» fosse rappresentato nella nostra mente da una lista di proprietà semi-linguistiche, connesse in modo arbitrario al loro referente. Nella seconda metà degli anni '90 alcune influenti teorie distribuzionali del significato ripropongono in versione ammodernata l'idea per cui il significato può essere ricondotto a simboli linguistici: secondo queste teorie statistiche il significato delle parole è dato dalla loro co-occorrenza in ampi *corpora*; è dato, insomma, dalle parole cui sono associate. Ad esempio, capiamo cosa vuol dire «poltrona» facendo ricorso alle parole a essa associate più di frequente: «salotto», «sedia» ecc. Risalgono agli anni '90, però, anche i primi tentativi di mettere in discussione la riduzione del significato ai simboli linguistici. È ad esempio del 1990 l'influente articolo di Steven Harnad che sostiene che, qualora i simboli non siano ancorati a un referente, non si può che approdare a un circolo vizioso. Possiamo continuare a parlare all'infinito di elefanti grigi, ma se non abbiamo visto almeno una volta qualcosa di grigio e un'immagine di un elefante, riusciremo difficilmente a rappresentarceli. In contrasto con le teorie tradizionali e con quelle distribuzionali del significato, le teorie *embodied* cercavano di mettere in luce che la relazione che connetteva concetto e referente non era arbitraria, e che sentire, leggere o anche pronunciare la parola portava ad attivare gli stessi sistemi attivati durante l'interazione con il suo referente. Questa concezione del significato, che potremmo chiamare «referenziale», ha avuto indubbi meriti, anche se oggi si può pensare che sia limitata perché rischia di ridurre il significato delle parole, senza cogliere il fatto che le parole possono compiere azioni, estendere il nostro spazio peripersonale e le nostre capacità cognitive, come hanno discusso e mostrato di recente in più lavori Borghi, Scorolli e colleghi.

È nella seconda metà degli anni '90 che, in laboratori differenti – quello neuroscientifico di Parma, condotto da Giacomo Rizzolatti, quello di psicologia cognitiva condotto da Lawrence W. Barsalou alla Emory University, e quello di linguistica cognitiva di Berkeley dove era attivo George Lakoff – emerge l'idea della simulazione. Barsalou è il primo a proporre che i concetti non siano dati da simboli astratti, ma da simboli percettivi: per formarci i concetti non è necessario tradurre l'esperienza di oggetti ed entità in un formato diverso, ma semplicemente riattivarla. Vengono proposte teorie con sfumature differenti: se Barsalou sottolinea il ruolo degli aspetti percettivi dei concetti, Gallese, Glenberg e altri autori ribadiscono che i concetti sono pattern di azione possibile, e sottolineano il nesso tra concetti, parole e azione (vedi quinto capitolo). Il punto qualificante, comunque, comune a varie teorie è che i concetti evocano simulazioni: quando usiamo i concetti rievochiamo l'esperienza di un dato oggetto, o entità, cui si riferiscono. È sempre tramite simulazione che comprendiamo il significato delle parole. È così che, quando leggiamo la parola «calciare», attiviamo il piede e la gamba: perché programmiamo quell'azione.

4. *I concetti astratti*

Il problema di come ci rappresentiamo i concetti astratti, e i significati delle parole astratte, è diventato uno dei punti salienti del dibattito degli ultimi anni nell'ambito delle teorie *embodied*. Secondo queste teorie, i concetti attivano una simulazione, che consiste nella riattivazione parziale del pattern neurale che si ha durante l'esperienza con oggetti ed entità nel mondo. Mentre le teorie *embodied* spiegano in modo semplice e diretto il fatto che i concetti concreti attivino i sistemi sensorimotori, come il proliferare di studi degli ultimi 15-20 anni attesta, risulta molto più complesso dimostrare che i concetti astratti, non dotati di uno specifico referente, sono *embodied* e *grounded*.

Per contro, le teorie distribuzionali, secondo cui il significato è dato dalle reti associative che le parole attivano, non hanno difficoltà a spiegare i concetti astratti, perché non sostanzialmente «diversi» da quelli concreti – anche se, come abbiamo visto, il modo delle teorie distribuzionali di spiegare i concetti, di qualunque tipo essi siano, è insufficiente, e soggetto al problema del *symbol grounding*. Negli ultimi anni sono state proposte alcune soluzioni ibride: i concetti concreti si spiegherebbero facendo ricorso alle teorie *embodied*, quelli astratti a teorie distribuzionali del significato. Non ci sembra che questa soluzione risolva il problema – soprattutto, la questione del *symbol grounding* viene a riproporsi, anche se riguarderebbe solo i concetti astratti.

Dimostrare che anche i concetti astratti attivano i sistemi percettivi e motori diventa dunque una sorta di banco di prova per le teorie *embodied*. Inoltre, la possibile soluzione al problema dei concetti astratti non solo rafforzerebbe queste teorie ma avrebbe implicazioni, sia teoriche che epistemologiche, che vanno ben al di là di esse.

5. *La libertà è fantastica: i concetti astratti*

Sia «libertà» che «fantastica» sono concetti astratti. Parlare di concetti «astratti» può apparire controintuitivo e strano, dato che la creazione di tutti i concetti comporta qualche forma di astrazione. Ad esempio, il concetto di «bottiglia» astrae e prescinde dalle caratteristiche delle singole bottiglie, formandone una rappresentazione sintetica. Tale astrazione è ancora più marcata se si considerano i concetti sovraordinati, come ad esempio gli «strumenti musicali»: gli strumenti musicali sono tra loro molto più dissimili dei membri delle categorie di livello intermedio (le chitarre), e di livello subordinato (le chitarre elettriche). Data la maggiore eterogeneità dei loro componenti, raggrupparli in un'unica categoria comporta un maggiore livello di astrazione con i concetti sovraordinati che con concetti di livello inferiore. Alcune ricerche hanno dimostrato che con i concetti sovraordinati tendiamo a rievocare i loro membri (principio di instanziazione): ad esempio, se qualcuno ci dice «veicolo» ci vengono in mente i veicoli più tipici e che incontriamo più sovente. È stato dimostrato, inoltre, che la presenza di un contesto comune aiuta più a identificare i membri delle categorie sovraordinate che di quelle basic: ad esempio, il fatto di osservare la scena di un concerto facilita l'identificazione degli esemplari della categoria «strumenti musicali», mentre per identificare le «chitarre» c'è meno bisogno di un contesto comune, che funga da collante. Essendo i concetti sovraordinati più astratti, la presenza di un contesto, e ancora meglio di un contesto dove più esemplari possano essere compresenti, come ad esempio una sala da concerto, ne favorisce e facilita l'identificazione. Resta il fatto che, nonostante i concetti sovraordinati siano più astratti dei concetti di livello inferiore, gli esemplari delle categorie sovraordinate sono singoli, ben delimitati e percepibili con i sensi: è il caso delle chitarre, dei violini e dei liuti, che fanno parte della categoria degli strumenti musicali.

Il problema che affronteremo in questo capitolo riguarda primariamente un processo che non chiameremo «astrazione» ma «astrattezza», e che non concerne tanto i concetti sovraordinati quanto i cosiddetti concetti astratti. Ovviamente astrazione e astrattezza sono legate, ma è utile distinguere queste due nozioni. I concetti astratti sono più astratti di altri non perché sono di livello gerarchicamente superiore, come «animale» rispetto a «cane», ma perché appartengono a domini differenti e perché non sono dotati di referenti singoli, ben delimitati, ed esperibili in modo diretto. È il caso di concetti come «fantasia», «libertà», «giustizia». La capacità di usare concetti astratti come questi è probabilmente patrimonio esclusivo della nostra specie; in ogni caso, si tratta di una delle abilità più sofisticate che possediamo. Ogni teoria della cognizione superiore che non sia in grado di spiegarli può essere considerata fallimentare.

Seguendo la proposta di Anna Borghi e Ferdinand Binkofski[6], definiremo qui i concetti astratti in modo molto generale, come dati da tre caratteristiche, che li differenziano dai concetti concreti.

1. *Maggiore complessità*. Rispetto ai concetti concreti richiamano più spesso configurazioni di eventi fisici e mentali piuttosto complicati: la nozione di «causa» non rimanda a un oggetto specifico ma a relazioni tra più elementi.

2. *Maggiore distacco dall'esperienza fisica*. I loro referenti difficilmente sono oggetti esperibili con i 5 sensi: il concetto «linguistica» non si vede, non si tocca e non si assapora.

3. *Maggiore variabilità*. Il significato delle parole astratte varia considerevolmente sia per la stessa persona che tra individui diversi: se tutti convergiamo abbastanza nel definire che cos'è un cane, o una sedia, le differenze individuali sono molto maggiori nel definire che cosa sono la «libertà», o la «bellezza».

Ugualmente, anche se tutti i concetti sono variabili e si modificano nel tempo, la variabilità di quelli astratti è più elevata: è più facile che vari la nostra opinione sulla giustizia che quella sulle sedie.

Nonostante questi aspetti differenzino concetti astratti e concreti, non si può parlare di una vera dicotomia tra i due tipi di concetti, che vanno piuttosto pensati come distribuiti lungo un *continuum*. Questo in ragione del fatto che anche i singoli concetti possono avere componenti concrete e astratte in varia misura: per esempio, il concetto «euro» ha un referente fisico, ma possiede un valore di scambio che rende difficile considerarlo a tutti gli effetti un concetto «concreto».

6. *Teorie tradizionali dei concetti astratti*

Esiste un fenomeno sperimentale chiamato «effetto concretezza»: consiste nel vantaggio nel tempo di elaborazione e nel ricordo delle parole concrete su quelle astratte. Ogni teoria dei concetti astratti che si rispetti deve spiegare le cause di questo effetto. Negli anni '80 e '90 del secolo scorso le due teorie che andavano per la maggiore erano la *Context Availability Theory*, o «teoria della disponibilità del contesto» (CAT), proposta da Schwanenflugel e colleghi. Questa teoria spiega l'effetto concretezza basandosi sul fatto che le parole concrete sono associate a molti contesti, ma in modo debole, e la famosa *Dual Coding Theory*, o «teoria del doppio codice» (DCT), proposta da Paivio, che postula l'esistenza di un doppio sistema. Le parole concrete sarebbero rappresentate facendo ricorso sia a immagini che a informazioni linguistiche, mentre quelle astratte sarebbero rappresentate esclusivamente mediante il sistema linguistico, e quindi ricordate peggio. Questa teoria è stata supportata da recenti evidenze di neuroimmagini che dimostrano come, a differenza delle parole concrete, caratterizzate da un'attivazione cerebrale bilaterale, le parole astratte attivano primariamente l'emisfero sinistro. Poiché l'emisfero sinistro è sede delle nostre capacità linguistiche, questa evidenza supporta dunque l'idea che i concetti astratti dipendano in larga parte dall'attività del sistema linguistico. Tuttavia altre evidenze, anch'esse ottenute mediante neuroimmagini, dimostrano come sia le parole astratte che quelle concrete attivino le aree sensorimotorie del nostro cervello. Se da un lato le parole astratte attivano informazione linguistica, dall'altro la teoria del doppio sistema sembra fallire di fronte alla dimostrazione che anche le parole astratte sono implementate, *grounded*, nel sistema sensorimotorio. Un ulteriore problema della teoria del doppio codice è che equipara immaginabilità e concretezza, mentre queste due caratteristiche, pur essendo correlate, non sono affatto equivalenti. Si pensi ad esempio al concetto di «bellezza»: se dovessimo valutarlo probabilmente lo giudicheremmo, al contempo, tanto astratto quanto immaginabile.

Ricapitolando, il problema di come sono rappresentati i concetti astratti è diventato di scottante attualità negli ultimi dieci anni, principalmente per il fatto che le teorie *embodied* e *grounded* hanno avuto ampia diffusione e successo. Questo ha portato alcuni ricercatori a riproporre una versione ammodernata della teoria del doppio codice di Paivio, che ne mantiene però il senso profondo: i concetti concreti sarebbero *embodied*, i concetti astratti attiverebbero invece i sistemi amodali. Discuteremo questa proposta nel paragrafo che segue, in cui saranno illustrate le principali teorie attuali dei concetti astratti che partono da un approccio *embodied* e *grounded*.

7. *Teorie «embodied» dei concetti astratti*

Gli scienziati che studiano i concetti astratti a partire da una prospettiva *embodied* hanno opinioni contrastanti in merito a un'importante questione: alcuni sostengono che non vi siano differenze fondamentali tra concetti astratti e concreti, mentre altri tengono in considerazione tali differenze, cercando di spiegarle.

Le prime teorie *embodied* dei concetti astratti partivano da un assunto che, paradossalmente, potrebbe sembrare simile a quello delle teorie cognitiviste tradizionali, secondo cui i concetti hanno natura proposizionale: entrambe negavano l'esistenza di differenze sostanziali tra concetti astratti e concreti. Tuttavia, mentre i fautori delle teorie cognitiviste tradizionali sostenevano che l'assenza di differenze era dovuta al fatto che entrambe le tipologie di concetti sono conservate in un codice a-modale, i fautori delle teorie *embodied* proponevano per entrambe le tipologie una codifica di tipo sensorimotorio. L'obiettivo di chi sosteneva che non vi fossero differenze tra i due tipi di concetti era dunque di dimostrare che anche i concetti astratti attivano il sistema sensoriale e motorio. Un classico esperimento riguarda il cosiddetto paradigma di compatibilità azione-frase (ACE, *Action-Sentence-Compatibility-Effect*), scoperto da Glenberg e colleghi con verbi di trasferimento, come «dare» e «prendere». Immaginiamo che ci venga chiesto di rispondere alla sensatezza di frasi concrete («dare/prendere la pizza») o astratte («dare/ricevere la notizia») muovendo la mano per premere un tasto. In alcuni casi il verbo indicherà un movimento di avvicinamento al corpo («ricevere»), mentre in altri casi indicherà un movimento di allontanamento («dare»). Immaginiamo inoltre che il movimento richiesto dallo sperimentatore per rispondere possa essere, di volta in volta, un movimento di allontanamento (premi il tasto avanti!) o arretramento (premi i il tasto indietro!). In alcuni casi vi sarà una coerenza tra direzione del movimento della mano e direzione indicata dal verbo – rispondendo con un movimento in avanti a un verbo di allontanamento – mentre in altri casi vi sarà un'incoerenza tra movimento e linguaggio. Ebbene, studi di psicologia cognitiva hanno dimostrato che la compatibilità tra la direzione del movimento da eseguire e la direzione del movimento indicata dal verbo può facilitare la risposta, portando a tempi di reazione più veloci, in linea con l'idea che sia la pianificazione del movimento che la comprensione del linguaggio siano a carico dello stesso sistema sensorimotorio. Inoltre, poiché l'effetto è presente indipendentemente dal fatto che la valutazione verta su frasi astratte o concrete, questo sembra corroborare ulteriormente l'idea di una continuità tra concetti astratti e concreti. Inoltre, studi di stimolazione magnetica transcranica (TMS) hanno mostrato che i potenziali evocati motori sono più alti con i verbi di trasferimento, concreti o astratti che siano, che con gli altri verbi. Analogamente, sono proliferati studi con il paradigma di approccio-evitamento: in uno studio assai influente del 1999 gli psicologi Chen e Bargh hanno dimostrato che i partecipanti sono più veloci nel giudicare la valenza di parole positive eseguendo un movimento di avvicinamento al corpo, e di parole negative con un movimento di allontanamento dal corpo; si tratta di un effetto replicato ed esteso in vari laboratori, tra cui quello di Anna Borghi e Roberto Nicoletti. L'effetto non differisce se si usano parole concrete o astratte. Similmente, come abbiamo visto, studi di neuroimmagini hanno mostrato che sia le parole concrete che quelle astratte attivano il sistema sensorimotorio.

Questi studi hanno grande interesse, perché dimostrano che anche i concetti astratti sono *grounded* nel sistema sensorimotorio. Tuttavia, ciò non deve indurci a dimenticare le possibili ulteriori differenze tra concetti astratti e concetti concreti. Anche chi non è esperto di statistica sa che il fatto che in alcuni compiti non si trovino differenze consistenti tra concetti astratti e concreti non significa necessariamente che i due tipi di concetti siano equiparabili. I concetti astratti potrebbero ad esempio attivare il sistema sensorimotorio *in aggiunta ad altri sistemi*: come spiegare altrimenti il fatto che le rappresentazioni neurali di concetti astratti e concreti non coincidano completamente, e che i secondi attivino nel cervello anche le aree linguistiche nell'emisfero sinistro? Inoltre, è un fatto che le persone elaborano i concetti concreti e astratti con diversa rapidità (effetto concretezza), e che li ricordano diversamente. È stato inoltre dimostrato che le parole astratte tendono a richiamare relazioni associative (per esempio cane-osso, furto-punizione), mentre le parole concrete evocano relazioni di similarità (per esempio cane-gatto, furto-scasso). Anche le valutazioni delle persone portano a differenziare i tipi di concetti: tutti convergiamo nel ritenere, ad esempio, «ineffabile» più astratto di «giallo», o «immaginazione» più astratto di «telefono». In più, esistono alcune sindromi che rivelano difficoltà specifiche con le parole astratte. Chi è affetto da dislessia profonda compie molti più errori nella lettura ad alta voce di parole astratte che di parole concrete. Inoltre, in alcuni studi con pazienti affetti da demenza semantica, si ritrova una differente performance dei pazienti con parole concrete e astratte. Una teoria dei concetti completa ed esaustiva non può evitare di prendere in considerazione queste evidenze, annullando le differenze tra concetti concreti e astratti.

Non a caso, infatti, alcuni teorici delle nuove scienze cognitive hanno valorizzato le discontinuità tra concetti astratti e concreti, pur restando all'interno del paradigma dell'*embodied cognition*. Una caratteristica interessante di tali teorie è che non definiscono i concetti astratti solo in negativo, come quei concetti che sono meno ancorati all'esperienza percettiva di quelli concreti, che non hanno un referente singolo, che si apprendono più tardi ecc. Viceversa, ne enfatizzano anche le specificità, ad esempio il fatto che attivano più informazioni introspettive ed emozionali. I concetti astratti, insomma, non sarebbero concetti concreti con qualche elemento mancante, ma concetti dotati di una loro peculiarità.

Chiameremo la prima teoria, proposta da Barsalou e Wiemer-Hastings, «teoria situazionale e introspettiva». Si basa principalmente su esperimenti con compiti di generazione di proprietà: ad esempio, quali sono le proprietà di «verità», quali quelle di «uccello»? Gli autori propongono che, laddove tutti i concetti attivano situazioni, quelli astratti attivano più di altri gli aspetti istituzionali e sociali delle situazioni; evocano inoltre proprietà introspettive. In altre parole, con i concetti astratti tendiamo a riflettere, a problematizzare il significato delle parole: ad esempio, posti di fronte alla parola «vero» i partecipanti osservano «difficile da discutere dopo il Postmodernismo». La proposta ha dei risvolti di grande interesse. Al suo stato attuale, però, presenta alcuni limiti. In primo luogo, le evidenze in suo favore non sono molte, e sono limitate perlopiù a un tipo di metodologia, la generazione di proprietà. Il limite più evidente è il rischio che questa proposta, più che identificare un meccanismo che caratterizza i concetti astratti, si soffermi piuttosto sul loro contenuto. Che i concetti astratti evochino aspetti sociali delle situazioni e proprietà introspettive può dipendere dal tipo di concetti astratti presi in considerazione: può essere vero per i concetti di stati e processi mentali, come ad esempio «pensare», ma non per quelli di numero, come «trecento», che sembrano attivare *affordance*, come mostrato in alcuni studi di Mariagrazia Ranzini condotti nel laboratorio di Anna Borghi. Ancorare le proprietà prodotte e attivate al contenuto dei concetti pone immediatamente il problema della generalizzabilità di questa teoria a tutti i concetti astratti. Se questa teoria ambisce a identificare un meccanismo alla base dell'uso di tutti i concetti astratti, nelle loro varietà e differenze, il costrutto/la nozione di introspezione andrebbe chiarita meglio. Qualora si sostenesse, ad esempio, che la quantità di elementi introspettivi aumenta all'aumentare del grado di astrattezza, dato che abbiamo bisogno di spiegare a noi stessi, tramite introspezione, il significato delle parole, allora la proposta diventerebbe molto più interessante, anche perché identificherebbe un meccanismo testabile che si ipotizza essere alla base dell'astrattezza.

Secondo una teoria recente, l'*Affective Embodied Account* (AEA) o «teoria *embodied* affettiva», proposta da Vigliocco, Kousta e colleghi, la peculiarità dei concetti astratti sta nel loro legame con le emozioni. L'informazione emotiva caratterizzerebbe in modo trasversale i concetti astratti, e non solo i concetti astratti emotivi, come ad esempio «rabbia». Questa teoria si basa su evidenze sperimentali ottenute con una varietà di compiti: studi comportamentali di decisione lessicale, i quali mostrano che la valenza emotiva è un ottimo predittore dei risultati ottenuti con le parole astratte, studi elettroencefalografici sui potenziali evocati, o studi di neuroimmagini, i quali hanno mostrato che alcune regioni del cingolo anteriore sembrano essere reclutate in modo selettivo durante il processamento di concetti astratti (sebbene si tratti di un'evidenza contestata, perché studi successivi hanno mostrato che quest'area non si attiva specificamente durante l'attivazione di concetti astratti, ma piuttosto durante il processamento di concetti dotati di valenza emozionale). Uno degli aspetti più intriganti di questa tesi è quello di proporre che le emozioni possano facilitare l'acquisizione dei concetti astratti: quelli emotivi sono i primi concetti appresi in età infantile che non abbiano un referente concreto; la loro acquisizione potrebbe facilitare in seguito quella di concetti completamente svincolati da un referente concreto, come sono quelli astratti.

Questa teoria è supportata da evidenze e da compiti sperimentali di vario tipo; le evidenze però non sono sempre chiare ma a volte controverse – è il caso sia delle prove con potenziali evocati che di quelle condotte mediante neuroimmagini. Inoltre, è possibile che i risultati ottenuti nei diversi compiti siano influenzati dalla presenza dei concetti emotivi all'interno del campione dei concetti astratti considerati. Come propongono alcuni autori, si dovrebbe parlare di una distinzione tra concetti astratti, concreti ed emotivi, più che di una dicotomia tra concetti concreti e astratti. I concetti emotivi possono rappresentare un sottoinsieme di concetti, che non sono propriamente astratti ma sono collocabili a metà nel *continuum* tra gli astratti e i concreti: nonostante non abbiano chiaramente un singolo oggetto come referente, è abbastanza intuitivo pensare che siano *grounded* nei sistemi sensorimotori ed emozionali.

8. *La teoria della metafora concettuale*

La teoria *embodied* dei concetti astratti più influente e ricca di evidenze è la *conceptual metaphor theory*, ovvero la «teoria della metafora concettuale», la cui prima versione fu proposta da Lakoff e Johnson nell'ormai lontano 1980[7]. Sebbene abbiamo imparato a conoscere le metafore principalmente come strumento di retorica letteraria, la teoria della metafora concettuale considera invece la metafora un meccanismo creativo che opera a livello cognitivo. Secondo questa teoria, gli stessi schemi sensorimotori che organizzano percezioni e azioni possono venire sfruttati per concettualizzare concetti astratti che sarebbero altrimenti impossibili da trattare. Concetti astratti come eventi, istituzioni, principi morali e finanche operazioni matematiche sono comprensibili in virtù di una struttura metaforica che li concettualizza come entità concrete o eventi fisici. I linguisti, ad esempio, notano che i concetti astratti vengono generalmente trattati mediante un vocabolario che rimanda all'esperienza sensorimotoria: quando diciamo che abbiamo «*intravisto* la soluzione», che siamo stati «*colpiti* da un modo di fare», o che abbiamo «*afferrato* l'idea» stiamo trattando domini astratti mediante un vocabolario sensorimotorio. Anche la struttura interna dei concetti concreti viene trasmessa al dominio astratto: sia che si tratti di afferrare oggetti concreti che astratti, «l'atto astratto di afferrare» richiede l'individuazione di un agente che compie l'azione, un oggetto afferrato, una sequenza di stati che vanno da una condizione iniziale a una finale, e così via. Un concetto, un pensiero o un'idea diventano oggetto di afferramento come fossero entità concrete, e non è dunque un caso se le teorie cognitiviste classiche considerano i concetti alla stregua di entità manipolabili che possono essere afferrate, viste, sezionate. Ma gli esempi sono molteplici: concettualizziamo la vita, un concetto astratto, mediante il concetto del viaggio o del cammino, di cui abbiamo esperienza sensorimotoria, e da questa metafora deriviamo l'idea che nella vita ci sia un punto di partenza e un punto di arrivo, l'idea che si possa sbagliare strada, che si possa avere un compagno di viaggio, o che il viaggio si possa fermare.

Ma come si sviluppano le varie metafore concettuali? Secondo alcuni psicologi, la capacità di operare proiezioni metaforiche emerge in due momenti temporalmente distinti; la prima fase va ricercata nel periodo di apprendimento che caratterizza la nostra prima infanzia, quando confluiscono regolarmente in modo indistinto esperienze di tipo sensorimotorio ed esperienze non sensorimotorie, quali le manifestazioni di affetto materno. Automaticamente il nostro corpo associa le une alle altre, in virtù del fatto che tali manifestazioni risultano essere indistinguibili: ad esempio gli abbracci materni ricorrono congiuntamente alla sensazione di calore che naturalmente segue un abbraccio, e queste manifestazioni sono inoltre associate a un sentimento di sicurezza e di affetto. Il secondo passaggio si verificherà nel momento in cui l'individuo imparerà a distinguere questi diversi domini, ma continuerà a conservare questo particolare tipo di connessione tra i diversi ambiti; ecco dunque che parleremo di «*calore* familiare» e di «*calorosi* applausi». Un caso paradigmatico è quello relativo al processo di fusione tra il dominio visivo e quello della conoscenza. Nella prima infanzia il soggetto tratta in modo indistinto i due domini, in virtù del fatto che nel bambino la conoscenza è prima di tutto una conoscenza visiva; solo successivamente si riscontra l'impiego di estensioni metaforiche in cui verbi visivi vengono impiegati per parlare di conoscenza. In modo analogo si instaurano correlazioni tra domini quali *tempo/movimento*, *cause/forze fisiche*, *categorie/contenitori*, e così via.

Dal lontano 1980, moltissimi studi sperimentali hanno tratto ispirazione da questa teoria e fornito prove a suo supporto in una varietà di domini. Si tratta per lo più di evidenze ottenute con studi comportamentali: all'inizio si trattava spesso di lavori di linguistica, ora anche di psicologia cognitiva; più raramente sono state raccolte evidenze sulle basi neurali di questa teoria. Un aspetto peculiare e interessante è che molti studi hanno carattere cross-culturale, confrontando il modo di far uso dei concetti e delle parole astratte in lingue e culture differenti. Un caso classico riguarda la concettualizzazione del tempo, concetto astratto tipicamente ricondotto al concetto concreto di spazio. In diversi lavori piuttosto ingegnosi, dagli inizi degli anni 2000 a oggi, la psicologa statunitense Lera Boroditsky ha proposto una domanda ambigua: «l'appuntamento di mercoledì prossimo è stato spostato di due giorni» (in originale: *Next Wednesday's meeting has been moved forward by two days*), e chiedendo poi a quale giorno l'appuntamento sarebbe stato spostato. In inglese – non in italiano – «forward» può essere interpretato in due diversi modi, facendo riferimento al movimento del soggetto o al movimento del tempo: rispondere lunedì implica una prospettiva «ego-moving», venerdì invece una prospettiva «time-moving». Chi è all'inizio di un viaggio – in treno o in aereo – o all'inizio di una fila in mensa tende ad adottare una prospettiva *ego-moving*, come se dovesse muoversi attraverso il tempo, mentre chi è alla fine della fila adotta una prospettiva *time-moving*. Curioso notare, inoltre, che la prospettiva *ego-moving* viene usata più di frequente dai parlanti di cultura occidentale e lingua inglese, notoriamente più individualisti, laddove quella *time-moving* viene scelta solitamente dai parlanti cinese mandarino, mentre i bilingui tendono a oscillare tra le due prospettive. Questi studi mostrano chiaramente che tempo e spazio sono strettamente connessi. Le metafore che si usano in una data cultura influenzano questa relazione: per esempio, lo psicologo americano Daniel Casasanto ha mostrato che, poiché le metafore del tempo in greco rimandano alla quantità (si parla di «un incontro largo») e in inglese, come anche in italiano, alla durata (si dice «un incontro lungo»), le valutazioni sul tempo sono più influenzate dalla quantità per i parlanti greci, ma dalla durata per quelli di lingua inglese. Anche il modo in cui si percepisce il flusso temporale è influenzato dalla cultura: diversi esperimenti mostrano una concettualizzazione del tempo mediante una contrapposizione avanti-dietro negli occidentali (il futuro è avanti, il passato sta dietro di noi), ma mediante una contrapposizione sopra-sotto negli orientali (il futuro è sotto, il passato sopra). Una linea di ricerca curiosa riguarda la relazione tra concetto di tempo e direzione di scrittura: ad esempio, gli spagnoli, che come noi scrivono da sinistra a destra, tendono a rispondere più velocemente con la mano destra a parole che rimandano al futuro e con la sinistra a parole che si riferiscono al passato, mentre è vero il contrario per gli ebrei, che hanno una direzione di scrittura opposta. Oltre alla relazione spazio-tempo, molti studi hanno indagato la relazione tra lo spazio e un altro concetto astratto, quello di numero. Il noto effetto SNARC (*Spatial Numerical Association of Response Codes*) rivela, per esempio, che i membri di società occidentali tendono ad associare i numeri piccoli alla sinistra e quelli grandi alla destra; si associano inoltre i numeri piccoli con il basso, quelli grandi con l'alto. Similmente, e questo fatto è davvero sorprendente, siamo più veloci a fare le somme quando saliamo in ascensore e quando camminiamo verso destra, ma più rapidi a fare sottrazioni quando scendiamo con l'ascensore e quando camminiamo verso sinistra: è quanto dimostrato in alcuni studi condotti da Luisa Lugli, Filomena Anelli, Anna Borghi e Roberto Nicoletti. Trattare più ampiamente delle ricerche che portano supporto alla teoria della metafora concettuale non rientra nello scopo di questo volume; speriamo tuttavia di aver dato un'idea di alcuni tra i numerosi studi condotti negli ultimi anni in domini differenti.

La teoria della metafora concettuale ha un grande vantaggio: identifica nella metafora un unico meccanismo, denominato *mapping*, alla base della nostra capacità di rappresentarci i concetti astratti. Tuttavia, non è scevra da problemi. La prima domanda che sorge spontanea riguarda la sua generalizzabilità. Anche assumendo che il *mapping* sia un meccanismo che entra in gioco, è davvero possibile utilizzarlo per spiegare tutti i concetti astratti? A quale concetto concreto potremmo ricondurre, ad esempio, il concetto di «linguistica»? E anche qualora si trovi un dominio concreto corrispondente, il meccanismo del *mapping* è in grado di esaurire l'intero significato del concetto? Ad esempio, il concetto di «somiglianza» è spiegato esclusivamente dalla contiguità spaziale o c'è qualche aspetto che la metafora non riesce a catturare? Inoltre le evidenze neurali sono poche, e a volte contraddittorie. Infine, un problema serio: i bambini imparano piuttosto tardi a far uso di metafore, quando già padroneggiano diversi concetti astratti.

9. *Teorie delle rappresentazioni multiple*

La letteratura sui concetti ha assistito negli ultimi anni a un'importante novità: l'emergere delle cosiddette teorie delle rappresentazioni multiple. L'idea alla base di queste teorie è molto semplice: le teorie *embodied* tengono tipicamente in considerazione soltanto il sistema sensorimotorio ed emozionale, ponendosi in contrasto con le teorie distribuzionali del significato. È possibile, invece, che non solo l'esperienza sensorimotoria ma anche l'esperienza linguistica conti molto per la rappresentazione dei concetti astratti. Le teorie che discuteremo di seguito differiscono per il ruolo e l'importanza che attribuiscono al linguaggio.

La prima teoria a rivalutare il ruolo del linguaggio nel rappresentare i concetti è la teoria LASS (*Language and Situated Simulation*), proposta da Barsalou e colleghi. Secondo questa proposta quando ci viene detta una parola, o quando la leggiamo, prima di tutto ci vengono in mente parole ad essa associate, poi iniziamo a «simulare» il suo referente. Ad esempio, sentendo «cane» ci verranno in mente le parole gatto, osso, cuccia; poi inizieremo a pensare a degli specifici cani, riattivando le esperienze (sensoriali e motorie) avute con loro. La comprensione del significato della parola avviene effettivamente solo quando simuliamo; il linguaggio favorisce soltanto l'accesso alla simulazione. Per questo l'informazione linguistica ha il suo picco d'attivazione prima, mentre l'informazione concettuale ha il suo picco in seguito. Più che concentrarsi sulla differenza tra concetti astratti e concreti, questa teoria, sostenuta da evidenze comportamentali e di neuroimmagini, ipotizza che i diversi concetti astratti attivino aree neurali relate al loro contenuto (per esempio il verbo «convincere» attiva aree relate al mentale, il concetto «aritmetica» aree legate all'elaborazione di numeri), e che sia il compito a determinare un coinvolgimento maggiore di aree linguistiche o sensorimotorie. Così, l'informazione linguistica verrà attivata primariamente in compiti di natura linguistica che comportano un'elaborazione superficiale, come la decisione lessicale (decidere se le parole che leggiamo sono o meno della lingua italiana), mentre in compiti immaginativi si attiverà maggiormente il sistema sensorimotorio.

La teoria LASS è la prima teoria *embodied* che ascrive importanza al linguaggio, oltre che al sistema sensorimotorio, ma le evidenze su cui si basa sono abbastanza limitate. Sostenere che il significato sia attivato solo in un secondo momento confligge con alcuni risultati del neuroscienziato tedesco Friedemann Pulvermüller ottenuti con compiti di decisione lessicale che indicano che verbi riferiti ad azioni eseguite con gli arti inferiori, superiori, o con la bocca (ad esempio «calciare», «sollevare», o «leccare») attivano differenti settori del sistema motorio, coerenti con l'organizzazione somatotopica: verbi che indicano azioni di bocca, di mano e di piede reclutano regioni, rispettivamente, ventrali, centrali e dorsali del sistema motorio, tipicamente attive durante l'esecuzione di quelle stesse azioni. L'attivazione delle regioni motorie durante il processamento di verbi d'azione avviene dopo appena 150 ms dalla presentazione della parola, cioè in un battibaleno. C'è da dire che, in versioni più recenti, forse tenendo conto dei risultati di Pulvermüller, i sostenitori della LASS hanno affermato che, in generale, è vero che il picco del sistema linguistico avviene prima, mentre quello del sistema simulativo, che consente l'accesso al significato, avviene dopo, ma vi possono essere oscillazioni. Il limite principale della LASS, però, è che relega il linguaggio a un ruolo superficiale, equiparandolo a un insieme di associazioni verbali e non tenendo conto dell'esperienza linguistica nella sua complessità. Infine, non fornisce una spiegazione specifica per i concetti astratti, ma lega la differente attivazione del sistema linguistico e sensorimotorio piuttosto al tipo di compito e al diverso livello di elaborazione.

Il filosofo americano Guy Dove ha recentemente proposto quella che potremmo definire la teoria delle rappresentazioni multiple per eccellenza. Due sono i principi generali che l'autore sviluppa nel suo lavoro. Il primo potrebbe essere chiamato «pluralismo rappresentazionale». Secondo Dove, i concetti astratti vanno spiegati facendo ricorso a molteplici sistemi di rappresentazione. In altre parole, mentre i concetti concreti si fondano sul sistema sensorimotorio, quelli astratti attiverebbero sia gli aspetti percettivi e motori che quelli linguistici. Per rappresentarci un concetto come quello di «gatto» secondo questa teoria, come per ogni teoria *embodied*, si attivano le aree percettive e motorie, per esempio le aree visive per le informazioni sulla forma, il colore e il modo di muoversi del gatto, quelle acustiche per riattivare il miagolio dei gatti, quelle tattili e motorie per farci tornare in mente, ad esempio, quanto è morbido il pelo dei gatti quando li accarezziamo. Per rappresentarci un concetto astratto, ad esempio «giustizia», secondo Dove l'attivazione di aree percettive e motorie non è sufficiente. Occorre attivare anche informazione linguistica. Va chiarito bene, però, che cosa si intende per informazione linguistica e linguaggio. Arriviamo qui al secondo punto che qualifica la sua teoria: la rivendicazione del ruolo del linguaggio per i concetti astratti. L'importanza del linguaggio per i concetti astratti viene giustamente enfatizzata da Dove: si tratta di uno strumento potente, che aumenta e migliora la nostra capacità di pensiero, in virtù delle sue caratteristiche produttive e combinatorie. A suo avviso occorre lasciare spazio per le rappresentazioni amodali: in altre parole, nel cervello devono esserci aree amodali, non percettive né motorie, dove si astrae dall'informazione relativa a modalità percettive diverse; questa informazione viene integrata e trasformata in un altro codice, appunto amodale. Il linguaggio secondo Dove funge da sistema amodale: il significato delle parole è dato infatti dalle loro relazioni con altre parole, non dalla loro relazione con gli oggetti e le entità cui rimandano. Sicuramente questa proposta rappresenta un avanzamento rispetto alla teoria del doppio codice di Paivio, sia in quanto sostiene che i concetti concreti si fondano non solo sulle immagini mentali ma più in generale sul sistema sensorimotorio e sono dunque *embodied*, sia perché ha il merito di mettere in luce l'importanza del linguaggio per i concetti astratti. Non avendo evidenze che la testano in modo diretto, l'autore si riferisce a studi sui potenziali evocati e studi di neuroimmagini che dimostrano che i concetti astratti attivano aree più lateralizzate a sinistra rispetto ai concetti concreti, suggerendo così che concetti concreti e astratti siano rappresentati in sistemi differenti. Tuttavia, non si capisce come una teoria secondo cui i concetti astratti sono rappresentati in un sistema amodale possa spiegare i risultati di altri studi di neuroimmagini che dimostrano che concetti concreti e astratti si sovrappongono attivando le aree centrali del sistema sensorimotorio, un dato che abbiamo già discusso in precedenza. Altre evidenze recenti riguardano gli studi sulla demenza semantica, causata da una degenerazione bilaterale dei lobi temporali anteriori. Secondo alcuni autori, ovvero secondo Patterson e colleghi, proponenti delle teorie *hub-and-spoke*, quest'area sarebbe amodale, in quanto integrerebbe tutte le aree corticali specifiche per modalità. La degenerazione di quest'area provoca demenza semantica, e la demenza semantica comporta una compromissione severa nella capacità di usare i concetti astratti. Dunque, potrebbe sostenere Dove e più in generale potrebbero argomentare i fautori delle teorie ibride, esistono «aree dei concetti astratti», che non riguardano una specifica modalità percettiva o motoria. La dimostrazione, dunque, che i concetti astratti sono rappresentati in un sistema amodale. Il quadro ci sembra più complesso di quanto appare. In primo luogo, la demenza semantica non compromette l'uso di tutti i concetti astratti – curiosamente, per esempio, i concetti numerici vengono preservati, mostrando che anche all'interno dei concetti astratti vi sono differenze quantomeno inaspettate per una teoria che si rifà alla codifica amodale. Inoltre i dati basati sulla localizzazione hanno dei limiti: consentono di validare o disconfermare una specifica teoria solo in modo indiretto, dato che non hanno natura causale, a differenza dei dati ottenuti con la TMS o con alcuni esperimenti comportamentali. Infine, molti sostenitori delle teorie *embodied* mettono in discussione anche il concetto stesso di «area associativa amodale», cioè di area cerebrale adibita a una codifica semantica astratta e svincolata dai vari formati sensoriali, sostenendo viceversa che le cosiddette aree associative siano piuttosto regioni cerebrali in cui confluiscono e vengono integrate informazioni da molteplici aree sensoriali, e siano dunque regioni non *a*-modali, bensì *multi*-modali.

In sintesi, la teoria delle rappresentazioni multiple di Dove risente ancora fortemente dell'influenza della teoria del doppio codice di Paivio, benché si differenzi da quest'ultima sotto diversi aspetti. Il problema principale di questa teoria non è tanto quello di postulare l'azione di sistemi differenti, ma di proporre che sia lasciato spazio a forme di rappresentazione amodali, un concetto che come abbiamo visto a più riprese nel corso di questo libro è oggi fortemente in discussione. Quella di Dove viene così a qualificarsi come una proposta ibrida, non interamente *embodied*, secondo cui per rappresentare i concetti astratti, a differenza che quelli concreti, servono sì i simboli percettivi, ma anche i simboli amodali. A noi non risulta ben chiaro perché sia necessario postulare che il linguaggio usi simboli amodali. Il linguaggio è una forma di esperienza sociale, che ci coinvolge dal momento della nascita, e anche prima, durante la gestazione. Da subito siamo immersi in un mondo linguistico, così come siamo immersi in un ambiente in cui sono presenti oggetti vari e altri individui, persone e altri animali. Il linguaggio, che è primariamente un'esperienza sociale, diviene anche un'esperienza individuale: parlare a noi stessi ci aiuta a memorizzare meglio e a pianificare meglio le azioni. Il linguaggio, infine, è anche un'esperienza corporea: produciamo dei suoni, ne ascoltiamo altri, ed evidenze recenti indicano che mentre ascoltiamo o leggiamo suoni è come se li riproducessimo internamente. In più, il linguaggio non è completamente arbitrario, come potrebbe apparire a prima vista e in contrasto con quanto le teorie tradizionali hanno sempre dato per assunto. Alcuni studi recenti stanno mettendo in luce che il linguaggio si caratterizza per aspetti iconici. Maurizio Gentilucci ha mostrato che la produzione linguistica è influenzata da variabili contingenti relative all'ambiente in cui si trova il parlante. Ad esempio, l'apertura della bocca durante la produzione della sillaba «*ba*» è influenzata dalla presenza di un oggetto posto davanti al parlante. In presenza di una ciliegia la bocca viene aperta meno di quanto non si faccia se la sillaba viene pronunciata in presenza di una mela, che ha dimensioni maggiori. La ragione starebbe nel fatto che il controllo motorio della bocca è in parte sovrapposto al controllo motorio della mano, e che la mera osservazione di oggetti indurrebbe a conformare la mano (e quindi anche la bocca) in vista di un potenziale afferramento, tramite i neuroni canonici che abbiamo conosciuto nel secondo capitolo. Inoltre ci sono studi recenti che riprendono alcuni lavori classici sul cosiddetto simbolismo sonoro originariamente investigato alla fine degli anni '20 da Wolfgang Köhler, uno dei padri della psicologia della *Gestalt*, con il classico studio su «Takete e Maluma»: alcune parole, infatti, riflettono nel modo di pronunciarle aspetti percettivi degli oggetti cui rimandano. La parola «Takete», ad esempio, rimanda a una forma spigolosa mentre la parola «Maluma» a una forma tondeggiante. Queste associazioni gestaltiche sono state recentemente interpretate facendo riferimento al concetto di «sinestesia», quindi sottolineando la dimensione multimodale, e non amodale, del processo. Insomma, le parole non sono legate ai loro referenti in modo del tutto arbitrario, ma sembra esserci una relazione specifica tra suoni e oggetti/entità cui questi suoni rimandano. Perché, allora, ritenere che il linguaggio sia amodale?

È un altro filosofo, Jesse Prinz[8], a elaborare una teoria molto vicina alla teoria WAT, quella che noi proponiamo. Prinz era uno studente di dottorato di Barsalou, e scrisse insieme a lui, nell'ormai lontano 1997, un capitolo in cui proposero per la prima volta la «teoria dei simboli percettivi», poi riproposta in una versione più ampia e articolata da Barsalou nel 1999. Si tratta di un autore che, in varie occasioni, ha rivendicato l'importanza di un approccio *embodied* e *grounded* ai concetti, ritrovandone le radici nell'empirismo inglese di Locke e Hume. Facciamo alcuni esempi per chiarire il suo punto. Pensiamo a concetti come «democrazia» o «giustizia»: come possono essere spiegati da una teoria *embodied*? In primo luogo, «democrazia» e «giustizia» evocano situazioni, scene: per esempio, situazioni in cui si decide insieme dove andare a cenare, o situazioni in cui ci si divide equamente una torta. Ciascuna di queste situazioni evocherà in noi emozioni – per alcuni concetti astratti le emozioni possono avere un peso maggiore che per altri. Inoltre, per aver chiaro un concetto come democrazia, può aver senso per noi contattare membri autorevoli della nostra comunità, che possano spiegarcelo. Dunque sia l'informazione sensorimotoria, che quella emozionale, che quella linguistica, concorrono a rappresentare i concetti astratti.

Questa proposta ha molti vantaggi. Si tratta di una proposta interamente *embodied* che però contempla la possibilità che, per rappresentarci i concetti astratti, facciamo ricorso a strategie multiple. Non si ipotizza, però, che per usare ad esempio la strategia linguistica ci sia bisogno di chiamare in causa rappresentazioni amodali. Il suo limite principale è che allo stato attuale non è una vera e propria teoria, ma una proposta *in fieri*, che non ha ispirato studi sperimentali specifici. Uno dei limiti comuni alle teorie illustrate finora è che avanzano ipotesi su come i concetti astratti sono rappresentati nel cervello e sulle ricadute di questo a livello comportamentale, ma non indagano approfonditamente la relazione tra il modo in cui tali concetti vengono acquisiti e il modo in cui vengono rappresentati. È curioso e poco produttivo che la letteratura sull'acquisizione concettuale e quella sulla rappresentazione dei concetti astratti nel cervello siano distinte e si parlino poco.

10. *WAT: «Words As social Tools»*

La teoria WAT (*Words As social Tools*), proposta da Anna Borghi e articolata e verificata sperimentalmente in diversi studi insieme a Ferdinand Binkofski, Felice Cimatti, Claudia Scorolli, Luca Tummolini e altri collaboratori, ambisce a connettere la ricerca sull'acquisizione concettuale a quella sulla rappresentazione dei concetti nel cervello. Questa teoria parte dall'assunto che sia i concetti concreti che quelli astratti siano *embodied* e dipendano dall'attivazione del sistema sensorimotorio. Le parole non sono però considerate solo in relazione ai loro referenti, come in alcune teorie *embodied*, ma sono considerate anche come strumenti d'azione a sé stanti. Ad esempio, l'uso delle parole per riferirsi a oggetti distanti da noi può ampliare la nostra percezione dello spazio vicino, o spazio peripersonale. La teoria si sofferma su quattro aspetti relativi ai concetti astratti: l'acquisizione dei concetti astratti, la loro rappresentazione nel cervello, l'effetto sul comportamento motorio, e la loro variabilità tra le lingue. Li discuteremo di seguito.

Acquisizione. L'acquisizione dei concetti astratti e concreti è profondamente diversa, dato che i concetti astratti non hanno un singolo referente concreto cui rimandare. Da bambini possiamo formarci un concetto come «bottiglia» anche in assenza di stimoli linguistici, per ostensione, anche se poi ovviamente gli stimoli linguistici ci aiuteranno a meglio delimitare la categoria distinguendola da quelle simili. Per contro, è praticamente impossibile formarsi un concetto come «democrazia» senza l'aiuto di qualcuno che ci spieghi di che si tratta, che ci aiuti a mettere insieme diverse e variegate esperienze. La tarda acquisizione delle parole astratte si combina bene con le evidenze che mostrano che, mentre all'inizio alla base della categorizzazione vi è la salienza percettiva degli stimoli, progressivamente gli stimoli sociali diventano più importanti. Studi sui movimenti oculari dei neonati mostrano che la comprensione delle prime parole astratte avviene a 10 mesi e si stabilizza intorno ai 14 mesi, in concomitanza con l'emergere di importanti abilità sociali quali la capacità di seguire lo sguardo altrui e di sviluppare forme di attenzione condivisa. La letteratura sulla testimonianza conferma che i bambini di 3-4 anni sono desiderosi di ottenere informazioni dagli adulti, soprattutto per entità appartenenti a domini astratti, e che sono in grado di monitorare l'accuratezza delle loro fonti. Studi recenti sui neonati di età prelinguistica rivelano che i genitori pronunciano le parole concrete in presenza dei loro referenti, mentre le parole astratte vengono pronunciate indipendentemente dalla presenza di referenti specifici. La letteratura sulle modalità di acquisizione mostra che i bambini prima acquisiscono alcune parole per ostensione, ovvero tramite l'esposizione di un oggetto alla percezione mentre lo stesso oggetto viene nominato dal genitore (per esempio indico la chiave e dico la parola «chiave»). Successivamente subentrano altre modalità linguistiche. Altre parole, infine, come «tundra» o «scalpello», possono essere acquisite per via percettiva o linguistica a seconda del contesto. Per l'acquisizione delle parole astratte sarebbe dunque determinante l'esperienza linguistica; questa volta non intendiamo il linguaggio come dato da semplici associazioni di parole ma consideriamo l'esperienza linguistica nella sua totalità, come esperienza interazionale e sociale. Le ragioni per cui il linguaggio è così importante per la rappresentazione dei concetti astratti sono diverse: in primo luogo, poiché i membri dei concetti astratti sono assai diversi tra loro (le esperienze di «libertà» sono molto più eterogenee di quelle di «divani»), le parole fungono da «colla» che li tiene insieme; in secondo luogo, poiché le spiegazioni sono spesso cruciali per chiarirne il significato.

Rappresentazione. Per la teoria WAT il modo in cui abbiamo acquisito i concetti ne influenza la rappresentazione nel cervello. Ne consegue che, se da un lato tanto i concetti concreti quanto quelli astratti attivano le aree sensorimotorie, al contempo i concetti astratti attivano maggiormente le aree linguistiche e sociali. Diversi studi di neuroimmagini convergono nel dimostrare che le parole astratte sono più lateralizzate a sinistra, e che attivano maggiormente un circuito fronto-temporale dedicato all'elaborazione dell'informazione sintattica e semantica, comprensivo ad esempio di aree della corteccia temporale sinistra e del giro inferiore frontale sinistro.

Attivazione della bocca. La maggiore importanza dell'esperienza linguistica per i concetti astratti dovrebbe riflettersi in una maggiore attivazione delle regioni sensorimotorie somatotopicamente legate al controllo della bocca, rispetto a quelle legate al controllo della mano – che è invece maggiormente reclutata durante il processamento di concetti concreti dotati di referenti manipolabili. Immaginate di dover acquisire nuovi concetti concreti e astratti e di venir sottoposti a una verifica di competenza una volta acquisiti i nuovi concetti. Ebbene, le risposte contenenti parole concrete saranno più veloci se la risposta sarà data muovendo la mano su una tastiera piuttosto che oralmente, mentre le risposte contenenti parole astratte saranno più veloci se la risposta sarà data oralmente mediante un microfono – a dimostrazione della maggiore rilevanza dell'informazione linguistica per le seconde. Studi TMS hanno inoltre rivelato che con le parole astratte l'attivazione della aree corticali adibite al controllo della mano avviene più tardi rispetto a quanto avviene con parole concrete, probabilmente a causa di un'attivazione a cascata dalle regioni della bocca a quelle della mano. Quali le cause precise di questa attivazione della bocca? Riattiviamo l'esperienza dell'acquisizione della parola, o ne rispieghiamo il significato a noi stessi, usando una forma di linguaggio interno? Questo va compreso meglio conducendo ulteriori ricerche.

Differenze tra le lingue. La teoria WAT ipotizza che, avendo l'esperienza linguistica un ruolo più marcato per i concetti astratti, essi siano più influenzati dalle differenze tra le lingue rispetto ai concreti. Facciamo un esempio, per chiarire. Prendiamo il concetto concreto di «contenitore»: in uno studio ormai classico Malt e colleghi hanno sottoposto diverse immagini di contenitori a parlanti di spagnolo, cinese e inglese. Anche se le parole usate per definire i singoli contenitori differivano (per esempio, lo spagnolo «boteja» veniva usato con un'estensione diversa rispetto all'inglese «bottle»), quando ai partecipanti veniva richiesto di raggruppare le immagini, le differenze cross-linguistiche scomparivano. Questo fa pensare che, per concetti come quello di contenitore, possano esistere differenze tra il «pensare per pensare» e il «pensare per parlare»; questa differenza può essere assai più sfumata in altri domini. In effetti, un'analisi della letteratura suggerisce che, mentre concetti concreti come contenitore differiscano solo in compiti di natura linguistica ma non concettuale, l'influenza della lingua sia più profonda per i concetti astratti. Si pensi ad esempio a come la concettualizzazione del tempo possa variare di cultura in cultura. In sintesi: un'ipotesi della teoria WAT, avvalorata da iniziali evidenze, è che, quando lo spazio degli stimoli è più strutturato, come nel caso dei concetti concreti, l'influenza delle lingue sia meno marcata. I concetti astratti, invece, i cui referenti non sono chiaramente delimitati e per cui l'esperienza linguistica gioca un ruolo importante, dovrebbero essere più influenzati dalla variabilità linguistica. Ulteriori evidenze sono però necessarie a supporto di questa tesi.

In generale, la teoria WAT ha il vantaggio di fornire un approccio *embodied* unitario che possa spiegare da un lato le evidenze sull'acquisizione dei concetti astratti, quelle sulla loro rappresentazione nel cervello e quelle relative all'influenza della diversità linguistica sulla loro rappresentazione. Un ulteriore vantaggio di questa proposta è che identifica un meccanismo, l'uso dell'informazione linguistica, alla base dell'astrattezza: in linea di principio, più un concetto è astratto, più dovrebbe evocare il linguaggio. Un altro aspetto qualificante è il modo di intendere il linguaggio: non viene inteso semplicemente come modo per accedere al significato o come dato semplicemente da associazioni tra parole: il linguaggio viene concepito come esperienza, che include aspetti sociali ed emozionali. Tuttavia, molte domande sono aperte. Ad esempio, perché il linguaggio è importante per i concetti astratti? Lo è perché funge da colla, unendo esperienze assai diverse, lo è perché riattiva l'esperienza dell'acquisizione linguistica, lo è per entrambe le ragioni? Che succede quando, una volta acquisita una parola, ne apprendiamo nuovi usi e significati? Conta l'acquisizione originaria o contano quelle successive? Inoltre, come spiegare l'attivazione della bocca? Quali sono i meccanismi sottostanti: il ricordo di esperienze di ascolto di altri, di esperienze di produzione linguistica, il parlare a noi stessi per rispiegarci il significato di una parola? Infine, occorre chiarire se questa teoria è sufficientemente generale per spiegare tutti i concetti astratti. Per esempio, uno studio recente di Ghio e colleghi ha mostrato che, mentre i partecipanti ritengono che parole astratte che rimandano a stati mentali e a emozioni coinvolgano la bocca, le parole che rimandano a numeri coinvolgano invece la mano, forse a causa della nostra abitudine a contare con le dita, come dimostrano i lavori di Martin Fischer e colleghi. Ulteriori ricerche sono necessarie per rispondere o quantomeno affrontare i problemi sollevati da questi interrogativi.

11. *Conclusione*

I concetti sono una specie di colla che tiene assieme le nostre esperienze. In questo capitolo abbiamo cercato di mostrare come si configura un approccio *embodied* e *grounded* ai concetti. Una nozione chiave è quella di simulazione. Avere un concetto significa simulare l'esperienza con il suo referente, riattivarla per aiutarci in nuove esperienze con oggetti/entità simili in situazioni analoghe. Se l'approccio *grounded* non ha difficoltà con i concetti concreti, spiegare come ci formiamo e come usiamo concetti astratti, come «fantasia» e «giustizia», è invece assai complesso. Abbiamo passato in rassegna diverse teorie *embo-*

died dei concetti astratti. Dall'esame della ricerca recente in questo ambito si possono trarre alcune conclusioni: la principale novità degli ultimi anni sono le teorie delle rappresentazioni multiple, secondo cui i concetti astratti attivano anche esperienze linguistiche, sociali, ed emozionali. Le evidenze ci sembrano mostrare che queste esperienze ulteriori si aggiungano a quelle sensorimotorie e che non serva lasciare spazio a rappresentazioni amodali. Un ulteriore problema che la ricerca del futuro dovrà affrontare è quanto una teoria unitaria sarà sufficientemente generalizzabile da riuscire a spiegare tutti i tipi di concetti astratti, dato che, come abbiamo visto, alcuni sembrano essere profondamente diversi dagli altri, come i concetti di emozioni e quelli di numero. Per questa ragione è indispensabile condurre studi dettagliati sui diversi tipi di concetti astratti, da «giustizia» a «verità», da «linguistica» a «tre», sulle loro analogie e differenze, sulla loro acquisizione, le loro rappresentazioni neurali e il loro effetto sul comportamento.

NOTE AL CAPITOLO SESTO

[1] G. Murphy, *The Big Book of Concepts*, Cambridge, Mass., MIT Press, 2004.

[2] Per un'introduzione generale ai concetti vedi E. Margolis e S. Laurence (a cura di), *Concepts. Core readings*, Cambridge, Mass., MIT Press, 1999.

[3] G.H. Mead, *Mind, Self and Society* (1934), Chicago, Ill., University of Chicago Press; trad. it. *Mente, Sé e Società*, Firenze, Giunti, 2010, p. 51.

[4] *Ibidem.*

[5] L.W. Barsalou, *Perceptions of perceptual symbols*, in «Behavioral and Brain Sciences», 22, 4, 1999, pp. 637-660.

[6] A.M. Borghi e F. Binkofski, *Words as Social Tools: An Embodied View on Abstract Concepts*, New York, Springer, 2014.

[7] G. Lakoff e M. Johnson, *Metaphors We Live By*, Chicago, Ill., University of Chicago Press, 1980; trad. it. *Metafora e vita quotidiana*, Milano, Bompiani, 2004.

[8] J. Prinz, *Beyond Human Nature*, London, Penguin/New York, Norton, 2012.

Finito di stampare nel mese di ottobre 2019
dalla MIG - Moderna Industrie Grafiche Srl, Bologna
www.mig.bo.it

Stampato su carta Arcoprint Milk di Fedrigoni S.p.A.,
prodotta nel pieno rispetto del patrimonio boschivo

UNIVERSALE PAPERBACKS IL MULINO

ULTIMI VOLUMI PUBBLICATI:

634. MAMMARELLA G., *L'Italia di oggi. Storia e cronaca di un ventennio 1992-2012.*
635. GUGLIELMO M., *Il Corno d'Africa. Eritrea, Etiopia, Somalia.*
636. BOSELLO O. e CUZZOLARO M., *Obesità.*
637. ASSOCIAZIONE ITALIANA PER GLI STUDI DI POPOLAZIONE, *Rapporto sulla popolazione. Sessualità e riproduzione nell'Italia contemporanea.*
638. BECCARO A., *La guerra in Iraq.*
639. DEL ZANNA G., *La fine dell'impero ottomano.*
640. FÜSSEL M., *La guerra dei sette anni.*
641. DE GIUSEPPE M., *La rivoluzione messicana.*
642. AMADEI G., *Mindfulness. Essere consapevoli.*
643. MOSLEY S., *Storia globale dell'ambiente.*
644. ESPOSITO C., *Heidegger.*
645. RODIGHIERO A., *La tragedia greca.*
646. FIORINO A. e GALLI E., *La corruzione in Italia. Un'analisi economica.*
647. CLAUSS M., *Costantino e il suo tempo.*
648. AZZARA C., *Teodorico. Storia e mito di un re barbaro.*
649. ANTONIETTI A., *Psicologia del pensiero.*
650. BENSON L., *La Cina dal 1949 a oggi.*
651. REICHLIN M., *L'utilitarismo.*
652. FERRARI C. e PEZZI G., *L'ecologia del paesaggio.*
653. ALESSANDRINI P., BETTIN G. e PEPE M., *Viaggio nell'economia.*
654. RAVEGNANI G., *Il doge di Venezia.*
655. HOUBEN H., *I normanni.*
656. PORRET M., *Beccaria.*
657. TOTH F., *La sanità in Italia.*
658. SLACK P., *La peste.*
659. MICONI A., *Teorie e pratiche del web.*
660. BRECCIA G., *Le guerre afgane.*
661. MANN C., *I gladiatori.*
662. STROHM C., *Giovanni Calvino.*
663. GUI M., *A dieta di media. Comunicazione e qualità della vita.*
664. MORTON N., *Gli ordini religiosi militari.*
665. RIVA G., *Nativi digitali. Crescere ed apprendere nel mondo dei nuovi media.*
666. ORLANDO E., *Venezia e il mare nel Medioevo.*
667. MECACCI A., *Il kitsch.*
668. LEONHARD J. e VON HIRSCHHAUSEN U., *Imperi e stati nazionali nell'Ottocento.*
669. SALVINI S. e VIGNOLI D., *Convivere o sposarsi?.*
670. THOMMEN L., *L'ambiente nel mondo antico.*
671. BATTILANI P. e FAURI F., *L'economia italiana dal 1945 a oggi.*
672. SIDEBOTTOM H., *La guerra nel mondo antico.*
673. ENGEL D., *L'Olocausto.*
674. ASSOCIAZIONE ITALIANA PER GLI STUDI DI POPOLAZIONE, *Rapporto sul la popolazione. L'Italia nella crisi economica.*
675. FERLAN C., *I gesuiti.*
676. SARCHIELLI G. e FRACCAROLI F., *Andare in pensione. Piaceri, dispiaceri, opportunità.*
677. URBAINCZYK T., *Spartaco.*
678. ROSSABI M., *I mongoli.*
679. CARDINALE U., *L'arte di riassumere. Introduzione alla scrittura breve.*
680. CORNI G., *Breve storia del nazismo. 1920-1945.*
681. CECCARINI L., *La cittadinanza online.*
682. MORWOOD J., *Adriano.*
683. RAVEGNANI G., *La vita quotidiana alla fine del mondo antico.*
684. ULUHOGIAN G., *Gli armeni.*
685. COLETTI V., *Grammatica dell'italiano adulto. L'italiano di oggi per gli italiani di oggi.*
686. TORELLI S.M., *La Tunisia contemporanea. Una Repubblica sospesa tra sfide globali e mutamenti interni.*
687. BARATTELLI B., *Scrivere bene. Dieci regole e qualche consiglio.*
688. FOCARELLI C., *La privacy. Proteggere i dati personali oggi.*
689. CORONA G., *Breve storia dell'ambiente in Italia.*
690. MUSARRA A., *Genova e il mare nel Medioevo.*
691. JUSSEN B., *I franchi.*
692. AZZARA C., *I longobardi.*

693. CARRARO C., MAZZAI A., *Il clima che cambia. Non solo un problema ambientale.*
694. FRESCHI M., *Hermann Hesse.*
695. BONIWELL I., *La scienza della felicità. Introduzione alla psicologia positiva.*
696. PATOTA G., *Bravo!*
697. SERIANNI L., *Parola.*
698. GALDI A., *Benedetto.*
699. RUBIN M., *Il Medioevo.*
700. SEIDENSTICKER T., *Islamismo.*
701. STEGER M. B., *La globalizzazione.*
702. RUMIATI R., *Decidere in pratica. Come evitare scelte sbagliate.*
703. WALKER S., ASHTON S., *Cleopatra.*
704. PACCAGNELLA L., VELLAR A., *Vivere online. Identità, relazioni, conoscenza.*
705. CAVALLI A., *Incontro con la sociologia.*
706. DE SOUSA R., *L'amore.*
707. CARUANA F. e BORGHI A. M., *Il cervello in azione Introduzione alle nuove scienze della mente.*
708. ROSSINI G., *Le serie TV.*
709. RANCI P., LEONARDI M. e SUSANI L., *Poveri d'energia.*
710. SHELDRAKE P., *Spiritualità. Come coltivare l'anima.*
711. GIANNINI M.C., *I domenicani.*
712. BELLER S., *L'antisemitismo.*
713. ASSOCIAZIONE ITALIANA PER GLI STUDI DI POPOLAZIONE, *Rapporto sulla popolazione. Le molte facce della presenza straniera in Italia.*
714. GREENGARD S., *Internet delle cose.*
715. CANFORA D., *Invito alla letteratura.*
716. KENNEDY D., *Storia della decolonizzazione.*
717. SETTIA A.A., *Castelli medievali.*
718. DECHERNEY P., *Hollywood.*
719. LEVICK B., *Catilina.*
720. ONADO M., *Alla ricerca della banca perduta.*
721. UVA C., *Il sistema Pixar.*
722. D'ACHILLE P., *Che pizza!.*
723. RAVEGNANI G., *Galla Placidia.*
724. VOLPI B., *Genitori digitali. Crescere i propri figli nell'era di Internet.*
725. SCHORN-SCHÜTTE L., *La riforma protestante.*
726. AMERIO P., V*ivere insieme. Comunità e relazioni nella società globale.*
727. DI CATALDO V., *A che cosa serve il diritto.*
728. FUBINI E., *Estetica della musica.*
729. FONDAZIONE GIOVANNI AGNELLI, *Le competenze. Una mappa per orientarsi.*
730. BRIZZI G., *Silla.*
731. ZAMAGNI V., *L'economia italiana nell'età della globalizzazione.*
732. ZUOLO F., *Etica e animali. Com'è giusto trattarli e perché.*
733. GHIGI R., e SASSATELLI R., *Corpo genere e società.*
734. ARIELLI E. e BOTTAZZINI P., *Idee virali. Perché i pensieri si diffondono.*
735. CASINI L., *Potere globale. Regole e decisioni oltre gli Stati.*
736. FINGS K., *Sinti e Rom. Storia di una minoranza.*
737. WOLFF J., *Perché leggere Marx?*
738. DE BLASI N., *Ciao.*
739. GIORDANO S., *Le arti applicate.*
740. CARUANA F. e VIOLA M., *Come funzionano le emozioni. Da Darwin alle neuroscienze.*
741. BONAZZI T., *La rivoluzione americana.*
742. RIVA G., *Fake news. Vivere e sopravvivere in un mondo post-verità.*
743. FERRETTI G. e ZIPOLI CAIANI S., *Vedere e agire. Come occhio e cervello costruiscono il mondo.*
744. MAMMARELLA G., *America First. Da George Washington a Donald Trump.*
745. ITANES, *Vox populi. Il voto ad alta voce del 2018.*
746. ASSOCIAZIONE ITALIANA PER GLI STUDI DI POPOLAZIONE, *Rapporto sulla popolazione. L'istruzione in Italia.*
747. BREEZE D. J., *L'esercito romano.*
748. FABBRO F., *La meditazione mindfulness. Neuroscienze, filosofia, spiritualità.*
749. BODEN M. A., *L'intelligenza artificiale.*
750. CARLÁ-UHINK F., *Diocleziano.*
751. TESTA E., *Bulgaro. Storia di una parola malfamata.*
752. CASTIGLIONI M. P., *La donna greca.*
753. FASOLI M., *Il benessere digitale.*
754. IACONA A., *L'enigma del futuro.*
755. MENIN M., *Il fascino dell'emozione.*
756. RAVEGNANI G., *Bisanzio e l'Occidente medievale.*
757. CACCIOTTO M., *Il nuovo marketing politico. Vincere le elezioni e governare al tempo della politica veloce.*
758. CLEMENTI F., *Città del Vaticano.*
759. CASTIELLO U., *La mente delle piante. Introduzione alla psicologia vegetale.*
760. DE BONIS R. e VANGELISTI M. I., *Moneta. Dai buoi di Omero ai Bitcoin.*
761. GUI M., *Il digitale a scuola. Rivoluzione o abbaglio?*
762. BARBERO C., *La porta della fantasia.*
763. MAZZOLENI G. e BRACCIALE R., *La politica pop online. I meme e le sfide della comunicazione politica.*